"十三五"国家重点图书出版规划项目

画说小龙虾养殖关键技术

中国农业科学院组织编写
黄鸿兵　主编

中国农业科学技术出版社

图书在版编目(CIP)数据

画说小龙虾养殖关键技术 / 黄鸿兵 主编 . — 北京：
中国农业科学技术出版社，2019.6
ISBN 978-7-5116-4197-7

Ⅰ. ①画… Ⅱ. ①黄… ①龙虾科–淡水养殖–图
解 Ⅳ. ① S966.12 – 64

中国版本图书馆 CIP 数据核字（2019）第 089770 号

责任编辑 张国锋
责任校对 马广洋

出 版 者 中国农业科学技术出版社
北京市中关村南大街 12 号　邮编：100081
电　　话 （010）82106636（编辑室）　（010）82109702（发行部）
（010）82109709（读者服务部）
传　　真 （010）82106631
网　　址 http://www.castp.cn
经 销 者 各地新华书店
印 刷 者 北京东方宝隆印刷有限公司
开　　本 880mm×1 230mm 1/32
印　　张 5.5
字　　数 160 千字
版　　次 2019 年 6 月第 1 版 2019 年 6 月第 1 次印刷
定　　价 38.00 元

编委会

《画说『三农』书系》

编写人员名单

《画说小龙虾养殖关键技术》

主　　编　黄鸿兵

参编人员　陈友明　李佳佳　彭　刚　尹思慧
　　　　　孙梦玲　万金娟　严维辉　胡飞杰
　　　　　韩　飞　唐建清

序言

农业、农村和农民问题，是关系国计民生的根本性问题。农业强不强、农村美不美、农民富不富，决定着亿万农民的获得感和幸福感，决定着我国全面小康社会的成色和社会主义现代化的质量。必须立足国情、农情，切实增强责任感、使命感和紧迫感，竭尽全力，以更大的决心、更明确的目标、更有力的举措推动农业全面升级、农村全面进步、农民全面发展，谱写乡村振兴的新篇章。

中国农业科学院是国家综合性农业科研机构，担负着全国农业重大基础与应用基础研究、应用研究和高新技术研究的任务，致力于解决我国农业及农村经济发展中战略性、全局性、关键性、基础性重大科技问题。根据习总书记“三个面向”“两个一流”“一个整体跃升”的指示精神，中国农业科学院面向世界农业科技前沿、面向国家重大需求、面向现代农业建设主战场，组织实施“科技创新工程”，加快建设世界一流学科和一流科研院所，勇攀高峰，率先跨越；牵头组建国家农业科技创新联盟，联合各级农业科研院所、高校、企业和农业生产组织，共同推动我国农业科技整体跃升，为乡村振兴提供强大的科技支撑。

组织编写《画说“三农”书系》，是中国农业科学院在新时代加快普及现代农业科技知识，帮助农民职业化发展的重要举措。我们在全国范围内遴选优秀专家，组织编写农民朋友用得上、喜欢看的系列图书，图文并茂展示先进、实用的农业科技知识，希望能为农民朋友提升技能、发展产业、振兴乡村做出贡献。

中国农业科学院党组书记 张合成

2018 年 10 月 1 日

前言

小龙虾产业发展迅猛，受到全社会的广泛关注，已经逐步形成了集“苗种繁育、健康养殖、加工出口、餐饮物流、节庆文化”于一体的产业链条。根据全国水产技术推广总站《中国小龙虾产业发展报告》（2018）相关数据显示，我国已成为世界最大的小龙虾生产国。到2017年，全国养殖面积达到1 200万亩（1亩≈667米^2），总产量约112.97万吨，总产值约2 685亿元，全产业链从业人员近520万人。

由于经济效益较高、市场前景广阔、发展态势良好，长江沿线很多地区将小龙虾产业作为地方特色主导产业进行打造，小龙虾产业化步伐进一步加快、产业发展水平进一步提升，在培育地方经济增长新动能、推进渔业供给侧结构性改革、促进渔业增效和渔民增收过程中发挥了重要作用。同时，由于小龙虾适应能力强，易活易长，南到海南、广东、广西、云南，北到黄河、辽河流域，西到新疆伊犁河谷，越来越多的各类资本和人员进入小龙虾行业，从事小龙虾养殖、加工、销售等领域，因此目前该行业收益和风险并存。

本书的读者对象主要是小龙虾养殖投资者、小龙虾养殖者、小龙虾养殖技术服务人员，也可

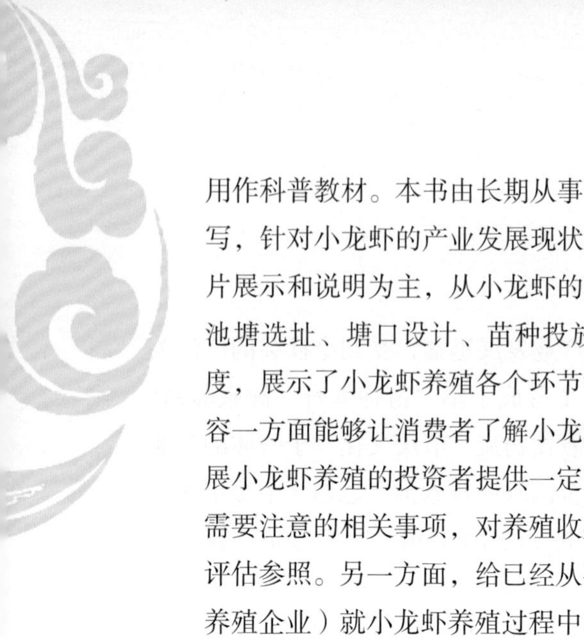

用作科普教材。本书由长期从事小龙虾养殖技术服务的专家编写，针对小龙虾的产业发展现状和存在的问题，以大量现状图片展示和说明为主，从小龙虾的产业现状、生物学特性、养殖池塘选址、塘口设计、苗种投放、成虾养殖、病害防控等角度，展示了小龙虾养殖各个环节需要注意的问题。书中相关内容一方面能够让消费者了解小龙虾的产业特点，同时给准备开展小龙虾养殖的投资者提供一定的参考，了解投资小龙虾养殖需要注意的相关事项，对养殖收益和存在的投资风险有一定的评估参照。另一方面，给已经从事小龙虾养殖的养殖户（或者养殖企业）就小龙虾养殖过程中的相关问题进行参考对照，点明小龙虾养殖过程的注意事项，以期养得更好。最后，从企业经营的角度，为适度规模化的小龙虾养殖企业提供一定的质量安全、品牌战略、企农利益连结机制等方面的初步指导意见，为企业提升发展提供一定帮助。

由于小龙虾养殖过程中不断有新的技术、新的模式涌现，本书编写人员水平有限，难以盖全，书中难免有不少缺点甚至错误，希望读者在使用过程中因地制宜，不断调整和修正，对存在的不足和错误，欢迎批评和指正。

编者

2019 年 3 月

Contents

目录

第一章 小龙虾行业现状

第一节　中国小龙虾产业现状

经过多年的发展，中国小龙虾产业已经逐步形成了集苗种繁育、健康养殖、加工出口、精深加工、物流餐饮、文化节庆于一体的完整产业链。据测算，2017 年全国小龙虾全社会经济总产值约 2 685 亿元（表 1-1）。其中，养殖业产值约 485 亿元，以加工业为主的第二产业产值约 200 亿元，以餐饮为主的第三产业产值约 2 000 亿元，分别占小龙虾全社会经济总产值的 18.06%、7.45%、74.49%（图 1-1）。

表 1-1　2017 年全国及部分省份小龙虾全社会经济总产值情况　（亿元）

	一产产值	二产产值	三产产值	总产值
全国总计	485.00	200.00	2 000.00	2 685.00
湖北	252.30	116.40	481.20	849.90
安徽	48.00	12.00	130.00	190.00
湖南	45.00	10.00	125.00	180.00
江苏	73.90	14.30	361.80	450.00
江西	49.83	13.50	46.27	109.60
5 省份合计	469.03	166.20	1 144.27	1 779.50
占比（%）	96.71	83.10	57.21	66.28

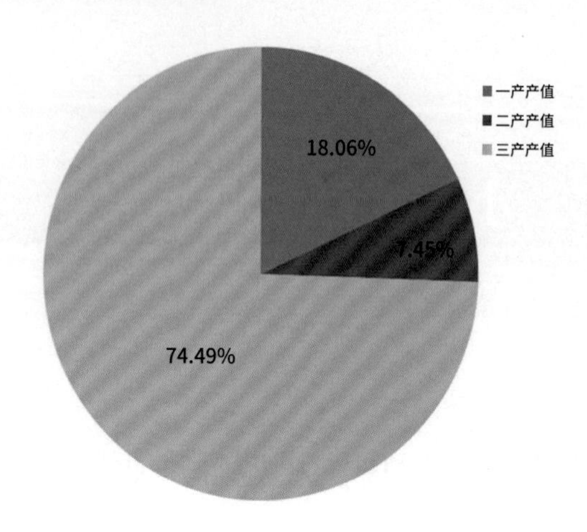

图 1-1　2017 年全国小龙虾一二三产业产值占比情况

一、小龙虾餐饮业现状

餐饮消费在提高小龙虾辨识度、提升小龙虾市场需求方面发挥了重要作用。近年来，全国各地积极加大小龙虾菜肴开发，形成了一大批小龙虾知名菜肴和餐饮品牌，如江苏盱眙、湖北潜江等地，小龙虾已经成为了当地重要的经济产业。通过持续努力，当地政府和广大消费者一起推动了小龙虾餐饮消费向深度发展。

二、小龙虾消费方式

一是传统的夜宵大排档；二是品牌餐饮企业的主打菜品；三是互联网餐饮，即线上与线下相结合的小龙虾外卖。由于小龙虾生产季节性强，其消费也具有明显的季节性特征，消费旺季始于 4 月，5—8 月最盛，9 月开始淡出。

三、小龙虾消费者年龄结构

小龙虾的消费受众以 20~39 岁的年轻群体为主，50 岁以上消费群体和 19 岁以下消费群体占比相对较少。其中，外卖小龙虾则以 80

后、90 后为主流消费群。从消费渠道来看，80% 的小龙虾通过堂食渠道（包括夜宵摊）售卖，20% 的小龙虾通过互联网渠道售出。

四、小龙虾市场分布

从国内市场看，小龙虾的消费主要集中在大中城市且消费区域不断扩展。华北、华东和华中地区的大中城市如北京、武汉、南京、上海、合肥、杭州、常州、无锡、苏州、长沙等城市年消费量均在万吨以上。西南、西北、华南、东北地区消费量逐年上升。目前小龙虾国内消费以餐饮和加工为主，加工消费保持稳定，而餐饮消费呈现爆发式增长态势，市场总产值超千亿，发展潜力巨大，在提升小龙虾市场需求方面发挥了重要作用。

五、小龙虾市场价格

小龙虾上市供应期较为集中，季节性分化明显，市场价格受上市供给量影响较大。据全国水产品批发市场信息系统监测，2016—2017 年，小龙虾批发价格峰值都出现在春冬上市淡季，价格谷值都出现在夏秋上市旺季。据对全国水产品批发市场价格监测数据分析，2017 年 3—4 月小龙虾批发市场价格较高，一般为 45~55 元 / 千克，5 月下旬至 6 月底价格短期回落，低位运行在 35~45 元 / 千克，7 月上旬开始回升并一路走高，达 60~70 元 / 千克（图 1-2）。

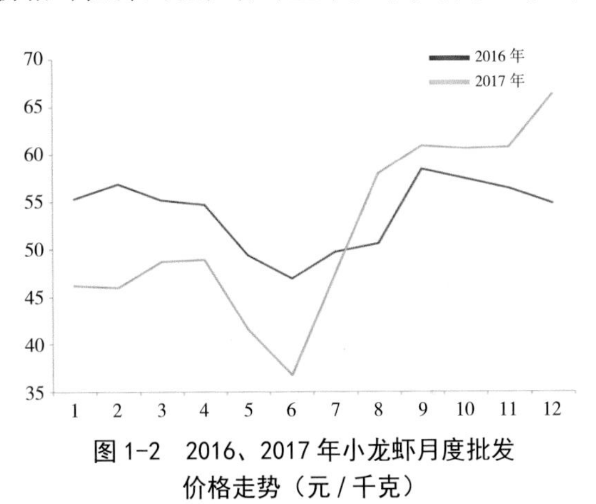

图 1-2 2016、2017 年小龙虾月度批发价格走势（元 / 千克）

第二节　小龙虾产业发展简史

小龙虾是一种世界性的食用虾类，18 世纪末就成为欧洲人民的重要食物源，开始大量被民间食用，20 世纪 60 年代进行大规模人工养殖，其经济价值及营养价值得到充分认识，在美国、瑞典等国家，都有淡水小龙虾的各种文化活动。

从消费发展的历史来看，起初小龙虾作为工作之余的观赏动物，后来较多地用作鱼饵。随着欧美工业的发展，在许多人口密集区，很多饭店用小龙虾做菜，这样使天然的小龙虾资源得到进一步开发，从单纯的鲜活螯虾买卖发展为专门的螯虾加工业，根据不同地区的消费习惯，已逐步形成螯虾系列食品。随着淡水小龙虾产品的热销，国内已经形成了捕捉、收购、加工、销售和生物化工一条龙的小龙虾经济行业。

我国小龙虾产业开发大体可分为 3 个阶段：一是捕捞野生小龙虾发展加工阶段；二是顺应市场需求探索小龙虾养殖阶段；三是产业化推进打造优势主导产业阶段。

小龙虾于 20 世纪 30 年代传入我国，但 20 世纪 90 年代初才形成产业。一开始，产业主要以捕捞野生资源进行产品加工出口为主，出口的加工产品主要包括冻熟虾仁、带壳整虾、冻熟凤尾虾等几大类。进入 21 世纪以来，随着国内消费的迅猛发展，小龙虾产业从最初的“捕捞 + 餐饮”，逐步向小龙虾养殖、加工、流通及旅游节庆一体化服务拓展，形成了完整的产业链条。

第三节　小龙虾养殖产业现状

一、养殖面积与产量

2005 年以前，小龙虾养殖较少，商品虾主要是靠捕捞天然水域种虾。2005年以后，江苏、湖北、江西、安徽、湖南等省在小龙虾苗种繁育、养殖技术、养殖模式等技术上开展了集中攻关。小龙虾养殖相关的池塘结构、亲虾选购、水质调控、水草设置、孵化方式优化等关键技术有了长足的深入研究和成果应用，有效提高了池塘小龙虾苗种繁育的质量和产量。随着养殖面积的不断扩大，小龙虾养殖产量也连续多年保持飞速增长，2017年达到了1 200万亩，产量超过100万吨（图1–3），产量与产值均跃居全世界之首。

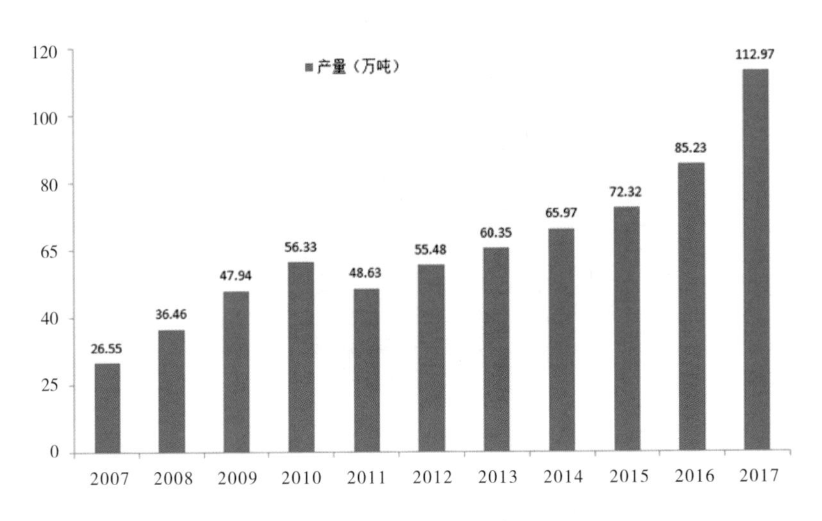

图1–3 2007—2017 年全国小龙虾养殖产量变化情况

二、小龙虾的几种主要养殖模式

目前，小龙虾养殖模式主要有稻田养殖、池塘饲养、莲藕（茭）田套养、河蟹池混养、大水面人工增养殖等。其中，稻田养殖为各地主要的养殖模式，此模式可细分为虾稻连作、虾稻共作。此外，小龙虾养殖新模式也不断涌现，如浙江省“菱–虾”模式、山东省“藕–虾”模式、海南省冬季养虾模式、湖北省和上海市大棚反季节养虾模式等。2017年全国小龙虾养殖面积为1 200万亩，其中稻田养殖面积约为 850 万亩，占总养殖面积的 70.83%；池塘养殖面积约为 200 万亩，占总养殖面积的 16.67%；其他混养面积约为 150 万亩，占总养殖面积的 12.50%（图 1-4）。稻虾综合种养模式又是小龙虾养殖的主要模式，此模式可细分为稻虾连作、稻虾连作 + 共作等模式。

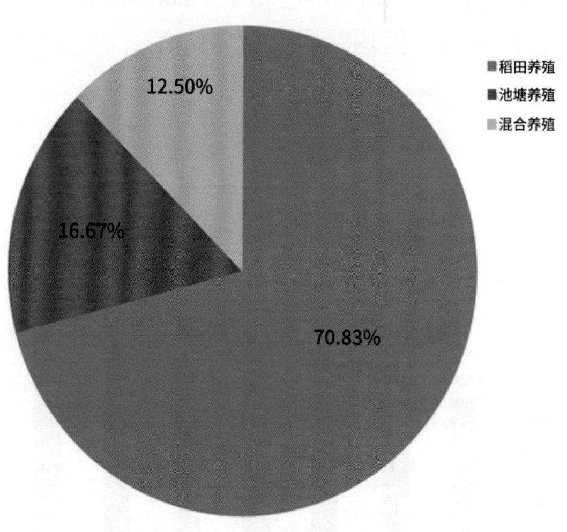

图 1-4　全国小龙虾养殖模式占比

第二章

小龙虾物种的生物学特性

第一节　分类与分布

本书介绍的小龙虾（图2-1）学名是克氏原螯虾（*Procambarusclarkii*），俗称螯虾、小龙虾、淡水小龙虾，在分类上属动物界、节肢动物门、甲壳纲、十足目、爬行亚目、螯虾科、原螯虾属。

小龙虾是一种淡水螯虾。全世界共有螯虾500多种，绝大部分种生活在淡水里，少数一些种生活在半咸水海域或湿地环境中，是典型的北半球温带内陆水域动物，淡水螯虾分3个科，蟹虾科、螯虾科、拟螯虾科，12个属。北美洲是淡水小龙虾分布最多的大陆，分布在北美洲的有两个科（蟹虾科、螯虾科），362个种和亚种；其次为大洋洲，有110多个种，仅澳大利亚就有97个种；欧洲有16个种；南美洲有8个种；亚洲约有7种，分布在西亚以及中国、朝鲜、日本和俄罗斯的西伯利亚等地。

小龙虾是全球经济产出最大的螯虾品种，主要分布地区为中国长江流域、美国密西西比河流域（约占当地淡水螯虾总产量的90%）。除小龙虾外，其他常见的螯虾还有红螯螯虾、东北螯虾等品种。白河原螯虾（图2-2）主要分布在美国密西西比河流域（约占当地淡水螯虾总产量的10%）；红螯螯虾（图2-3）主要分布在澳大利亚东部，我国广东、福建、浙江、江苏、江西、湖北等省份均有养殖。东北螯虾（图 2-4）主要分布在中国东北。

图 2-1　克氏原螯虾

图 2-2　白河原螯虾

图 2-3　红螯螯虾

图 2-4　东北螯虾

第二节　小龙虾的形态特征

一、外部形态

小龙虾体表具坚硬的外骨骼。体形粗短，左右对称，整个身体由头胸部和腹部两部分组成（表 2-1），头部和胸部粗大完整，且完全愈合成一个整体，称为头胸部，其前端有一额角，呈三角形。额角表面中间凹陷，两侧隆脊，具有锯齿状尖齿，尖端锐刺状。头胸甲中部有两条弧形的颈沟，组成倒人字形，两侧具粗糙颗粒。腹部与头胸部明显分开，分为头胸部和腹部。该虾全身由 21 个体节组成，

除尾节无附肢外共有附肢 19 对，其中头部 5 对，胸部 8 对，腹部 6 对，尾节与第六腹节的附肢共同组成尾扇。小龙虾游泳能力很弱，善匍匐爬行。

小龙虾的全身覆盖由几丁质、石灰质等组成的坚硬甲壳，对身体起支撑、保护作用，称为“外骨骼”。性成熟个体呈暗红色或深红色，未成熟个体为青色或青褐色，有时还见蓝色。

表 2-1 小龙虾各附肢的结构与功能

体节	附肢名称	结构 / 分节数			功能
		原肢	内肢	外肢	
	1 小触角	基部有平衡囊 /3	连接成短触须	连接成短触须	嗅觉、触觉、平衡
头	2 大触角	基部优腺体 /2	连接成长触须	宽薄的叶片状	嗅觉、触觉
	3 大颚	内缘有锯齿 /2	末端形成触须 /2	退化	咀嚼食物
部	4 第一小颚	薄片状 /2	很小 /1	退化	摄食
	5 第二小颚	两裂片状 /2	末端较尖 /1	长片状 /1	摄食、激动鳃室水流
	6 第一颚足	片状 /2	小而窄 /2	非常细小 /2	感觉、摄食
	7 第二颚足	短小、有鳃 /2	短而粗 /5	细长 /2	感觉、摄食
	8 第三颚足	有鳃、愈合 /2	长、粗而发达 /5	细长 /2	感觉、摄食
	9 第一胸足	基部有鳃 /2	粗大、呈螯状 /5	退化	攻击和防卫
	10 第二胸足	基部有鳃 /2	细小、呈钳状 /5	退化	摄食、运动、清洗
	11 第三胸足	基部有鳃，雌虾基部有生殖孔 /2	细小呈爪状、成熟雄性有刺钩 /5	退化	摄食、运动、清洗
	12 第四胸足	基部有鳃 /2	细小呈钳状，成熟雄性有刺钩 /5	退化	运动、清洗
	13 第五胸足	基部有鳃，雄性基部有生殖孔 /2	细小 /5	退化	运动、清洗
	14 第一腹足	雌性退化，雄性演变成钙质的交接器			雄性输送精液
	15 第二腹足	雄性联合成圆锥形管状交接器			雄性辅助第一腹足
	16 第三腹足	雌性短小 /2	雌性成分节的丝状体	雌性连接成丝状体	雌性有激动水流，抱卵和保护幼体的功能
腹	17 第四腹足	短小 /2	分节的丝状体	丝状	激动水流
部		短小 /2	分节的丝状体	丝状	
	18 第五腹足	短小	分节的丝状体	丝状	
	19 第六腹足	短而宽 /1	椭圆形片状 /1	椭圆形片状 /1	

二、内部形态

淡水小龙虾属节肢动物门，体内无脊椎，整个体内分为消化系统、呼吸系统、循环系统、排泄系统、神经系统、生殖系统、肌肉运动系统、内分泌系统等八大部分（图 2-5）。

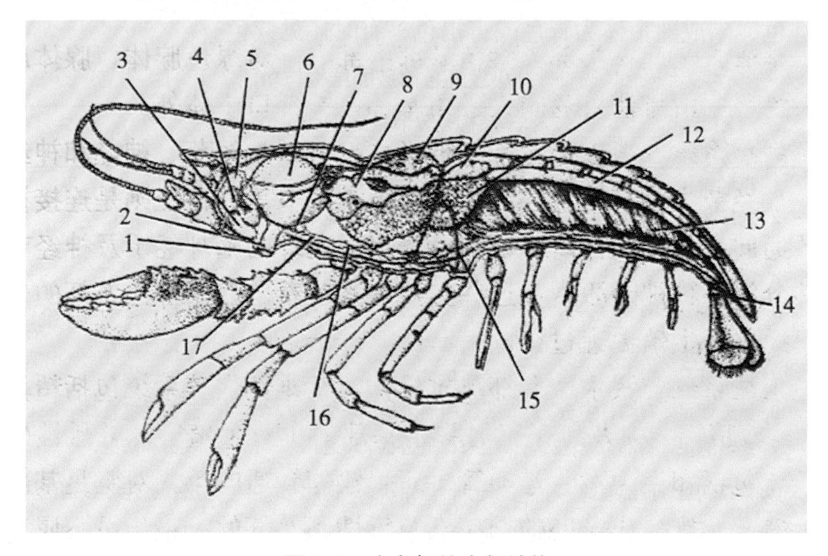

图 2-5　小龙虾的内部结构

1. 口；2. 食管；3. 排泄管；4. 膀胱；5. 绿腺；6. 胃；7. 神经；8. 幽门胃；9. 心脏；10. 肝胰脏；11. 性腺；12. 肠；13. 肌肉；14. 肛门；15. 输精管；16. 副神经；17. 神经节

小龙虾的消化系统由口器、食道、胃、肠、肝胰脏、直肠及肛门组成。食物由口器的大颚切断咀嚼送入口中，经食道进入胃。胃分贲门胃和幽门胃两部分。食物经贲门胃进一步磨碎后，经幽门胃过滤进入肠，在头胸部的背面，肠的两侧各有一个黄色分支状的肝胰脏，肝胰脏有肝管与肠相通。肠的后段细长，位于腹部的背面，其末端为球形的直肠，通肛门，肛门开口于尾节的腹面。在胃囊内，胃外两侧各有一个白色或淡黄色，半圆形纽扣状的钙质磨石，蜕壳

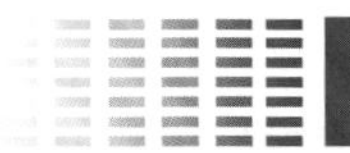

前期和蜕壳期较大，蜕壳间期较小，起着钙质的调节作用。肝胰脏较大，呈黄色或暗橙色，由很多细管状构造组成，有管通中肠。肝胰脏除分泌消化酶帮助消化食物外，还具有吸收贮藏营养物质的作用。

小龙虾的呼吸系统由鳃组成，共有鳃 17 对，在鳃室内。其中 7 对鳃较为粗大，与后两对颚足和 5 对胸足的基部相连，鳃为三棱形，每棱密布排列许多细小的鳃丝。其他 10 对鳃细小，薄片状，与鳃壁相连。小龙虾呼吸时，颚足驱动水流入鳃室，水流经过鳃完成气体交换，溶解在水中的二氧化碳，通过扩散作用，进行交换，完成呼吸作用。水流的不断循环，保证了呼吸作用所需氧气的供应。

小龙虾的循环系统由心脏和一部分血管及许多血窦组成，为开放式系统。心脏位于头胸部背面的围心窦中，为半透明、多角形的肌肉囊，有 3 对心孔，心孔内有防止血液倒流的膜瓣。小龙虾无毛细血管，血液由组织间隙经各小血窦，最后汇集于胸窦，再由胸窦送入鳃，经净化、吸收氧气后回到围心窦，然后再经过心脏进入下一个循环。

小龙虾的血液即是体液，为一种透明、无色的液体，由血浆和血细胞组成。血液中含血蓝素，其成分中含有铜元素，与氧气结合会呈现蓝色。

小龙虾的神经系统由神经节、神经和神经索组成。神经节主要有脑神经节、食道下神经节等，神经则是连接神经节通向全身，从而使虾能正确感知外界环境的刺激，并迅速做出反应。小龙虾的感觉器官为第一、第二触角以及复眼和生在小触角基部的平衡囊，各司职嗅觉、触觉、视觉及平衡。

小龙虾雌雄异体，其雄性生殖系统包括精巢 3 个（图 2–6）、输精管 1 对及位于第五步足基部的 1 对生殖突。精巢呈三叶状排列，输精管有粗细 2 根，通往第五步足的生殖孔。其雌性生殖系统包括卵巢 3 个（图 2–7）、呈三叶状排列，输卵管 1 对和通向第三对步足基部的生殖孔。小龙虾雄性的交接器和雌性的纳精囊虽不属于生殖系统，但在淡水小龙虾的生殖过程中起着非常重要的作用。

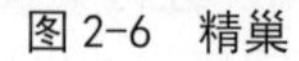

图 2-6　精巢

图 2-7　卵巢

第三节　小龙虾的生物习性

一、栖息习性

小龙虾喜阴怕光，常栖息于沟渠、坑塘、湖泊、水库、稻田等淡水水域中，营地栖生活，具有较强的掘穴能力，亦能在河岸、沟边、沼泽，借助螯足和尾扇造洞穴，栖居繁殖，当光线微弱或黑暗时爬出洞穴，通常抱住水体中的水草或悬浮物，呈“睡眠”状。受到惊吓或光线强烈时则沉入水底或躲藏于洞穴中，具有昼夜垂直运动现象。受惊或遇敌时迅速向后，弹跳躲避。螯虾离水后，保持湿润还能生活 7~10 天。小龙虾白天潜于洞穴中，傍晚或夜间出洞觅食、寻偶。非产卵期一个穴中通常仅有 1 只虾，产卵季节大多雌雄成对同穴，偶尔也有一雄两雌处在一个洞穴的现象出现。小龙虾喜斗，似河蟹具有较强的领域行为。

小龙虾适应性广，中国大部分地区都能自然越冬，能适应 40℃以上的高温和 −15℃的低温，当温度低于 20℃或高于 32℃时，生长率下降。小龙虾生长对环境要求不高，无论江河、湖泊、水渠、水田和沟塘都能生存，出水后若能保持体表湿润，可在较长时间内保持鲜活，有些个体甚至可以忍受长达 4 个月的干旱环境。

小龙虾昼伏夜出，耗氧率昼夜变化规律非常明显，正常生长要求溶解氧在 3 毫克 / 升以上。在水体缺氧时，它可以爬上岸，还可以借助水中的漂浮物或水草将身体侧卧于水面，利用身体一侧的鳃呼吸以维持生存。养殖生产中，流水和换水是获得高产优质商品虾的必备条件。流水可刺激小龙虾蜕壳，促进其生长；换水能减少水中悬浮物，保持水质清新，提高水体溶解氧含量。

二、性格行为

1. 小龙虾的好斗行为

在饲料不足或争夺栖息洞穴时，往往会出现相互搏斗的现象。小龙虾个体间较强的攻击行为将导致种群内个体的死亡，引起种群扩散和繁殖障碍。有研究指出，小龙虾幼体就显示出了种内攻击行为，当幼虾体长超过 2.5 厘米时，相互残杀现象明显。在此期间如果一方是刚蜕壳的软壳虾，则很可能被对方杀死甚至吃掉。因此，人工养殖过程中应适当移植水草或在池塘中增添隐蔽物，以增加环境复杂度，减少小龙虾之间相互接触机会。

2. 小龙虾的领域行为

小龙虾会精心选择某一区域作为其领域，在其区域内进行掘洞、活动、摄食，不允许其他同类的进入，只有在繁殖季节才有异性的进入。有研究发现在人工养殖小龙虾时，有人工洞穴的小龙虾存活率为 92.8%，无人工洞穴的对照组存活率仅为 14.5%，差异极显著。究其原因主要是小龙虾领域性较强，当多个拥挤在一起的小龙虾进入彼此领域内时就会发生打斗，造成伤亡，进而导致死亡。

3. 小龙虾的掘洞行为

小龙虾在冬夏两季营穴居生活，具有很强的掘洞能力，且掘洞很深。大多数洞穴的深度在 50~80 厘米，约占测量洞穴的 70%，部分洞穴的深度超过 1 米。小龙虾的掘洞习性可能对农田、水利设施有一定影响，但到目前为止，还没有发生因小龙虾掘洞而引起的毁田决堤现象。小龙虾的掘洞速度很快，尤其在放入一个新的生活环境中尤为明显。洞穴直径不定，视虾体大小有所区别，此类洞穴常为横向挖掘，然后转为纵向延伸，直到洞穴底部有水为止。在此过程中如遇水位下降，虾会继续向下挖掘，直到洞穴底部有水或潮湿。小龙虾挖好洞穴后，多数都要加以覆盖，即将泥土等物堵住唯一的出入口，但在外还是能明显看到有一个洞口的。

小龙虾掘洞的洞口位置通常选择在水平面处，但这种选择常因水位的变化而使洞口高出或低于水平面（图 2–8、图 2–9），故而一般在水面上下 20 厘米处，洞口较多。小龙虾掘洞的位置选择并不严格，在水上池埂、水中斜坡及浅水区的池底部都有洞穴，较集中于水草茂盛处。

图 2–8　塘埂半坡洞穴

图 2–9　水面附近洞穴

水体底质条件对小龙虾掘洞的影响较为明显，在底质有机质缺乏的砂质土，小龙虾打洞现象较多，而硬质土打洞较少。在水质较肥、底层淤泥较多、有机质丰富的条件下，小龙虾洞穴明显减少。但是，无论在何种生存环境中，在繁殖季节小龙虾打洞的数量都会明显增多。

4. 小龙虾趋水流行为

小龙虾喜新水活水，逆水上溯，且喜集群生活。在养殖池中常成群聚集在进水口周围。下大雨天，该虾可逆向水流上岸边作短暂停留或逃逸，水中环境不适时也会爬上岸边栖息，因此养殖场地要有防逃的围栏设施。

第四节 小龙虾的摄食习性

小龙虾是杂食性水生动物，植物性饵料和动物性饵料均可食用，各种鲜嫩的水草、水体中的底栖动物、软体动物、大型浮游动物，各种鱼虾的尸体及同类尸体都是小龙虾的喜食饲料。在生长旺季，池塘下风处浮游植物很多的水面，能观察到小龙虾将口器置于水平面处用两只大螯不停划动水流将水面藻类送入口中的现象，表明小龙虾能够利用水中的藻类。

小龙虾食性在不同的发育阶段稍有差异。刚孵出的幼虾以其自身存留的卵黄为营养，之后不久便摄食轮虫等小浮游动物，随着个体不断增大，摄食较大的浮游动物、底栖动物和植物碎屑。成虾兼食动植物，主食植物碎屑、动物尸体，也摄食水蚯蚓、摇蚊幼虫、小型甲壳类及一些水生昆虫。由于其游泳能力较差，在自然条件下对动物性饲料捕获的机会少，因此在该虾的食物组成中植物性成分占 98% 以上（表 2-2）。在养殖小龙虾时种植水草可以大大节约养殖成本。小龙虾喜爱摄食的水草有苦草、轮叶黑藻、凤眼莲、永浮莲、喜旱蓬子草、水花生等。池中种植水草除了可以作为小龙虾饲料外，还可以为虾提供隐蔽、栖息的理想场所，同时也是虾蜕壳的良好场所。

表 2-2 天然水域中小龙虾的食物组成、出现频率及重量百分比 （%）

食物名称	洞庭湖		洪湖		鄱阳湖	
	出现率	重量比	出现率	重量比	出现率	重量比
菹草	46.2	24.1	9.6	20.7	45.6	22.4
马来眼子菜	33.5	13.3	12.7	13.8	35.6	13.6
金鱼藻	41.5	11.7	3.8	12.1	24.6	10.2

续表

食物名称	洞庭湖		洪湖		鄱阳湖	
	出现率	重量比	出现率	重量比	出现率	重量比
轮叶黑藻	36.9	20.6	12.4	15.6	37.8	18.6
黄丝藻	12.7	4.8	35.7	12.3	21.4	8.5
植物碎片	32.5	15.6	35.4	15.9	36.5	16.4
丝状藻类	41.5	4.8	43.7	5.2	45.8	5.5
轮虫	11.5	0.5	12.8	0.4	13.5	0.5
枝角类	7.9	0.7	5.8	0.3	6.7	0.4
桡足类	10.3	0.8	9.8	0.6	9.4	0.5
昆虫类	32.6	1.2	35.6	1.5	36.2	1.6
鱼类	14.6	0.6	15.4	0.5	16.4	0.6
水蚯蚓	15.6	0.8	16.5	0.7	15.9	0.8
摇蚊幼虫	10.6	0.6	9.8	0.4	8.7	0.4

小龙虾摄食方式是用螯足捕获大型食物，撕碎后再送给第二、三步足抱食。小型食物则直接用第二、三步足抱住啃食。螯虾猎取食物后，常常会迅速躲藏，或用螯足保护，以防其他虾来抢食。

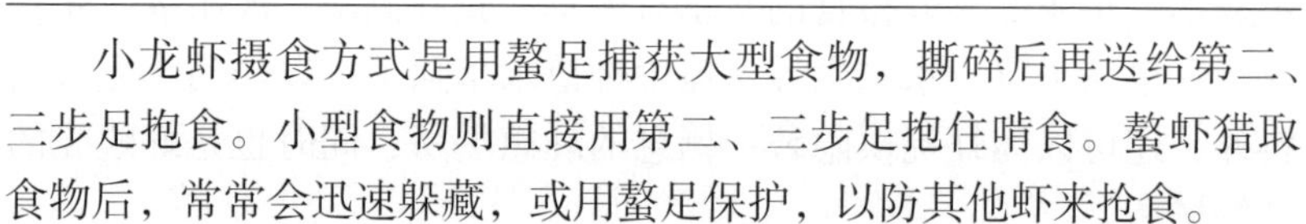

小龙虾摄食能力很强，且具有贪食、争食的习性，饵料不足或群体过大时，会有相互残杀的现象发生，尤其会出现硬壳虾残杀并吞食软壳虾的现象。小龙虾摄食多在傍晚或黎明，尤以黄昏为多，人工养殖条件下，经过一定的驯化，白天也会出来觅食。小龙虾耐饥饿能力很强，十几天不进食，仍能正常生活。在适温范围内，随着水温的升高，其摄食强度随之增加。摄食的最适水温为 25~30℃，水温低于 8℃或超过 35℃摄食明显减少，甚至不摄食。

第五节 小龙虾的繁殖习性

一、小龙虾雌雄鉴别

小龙虾雌雄有所区别，主要可通过以下两种方法鉴别（图 2-10、图 2-11），正常情况下，同龄亲虾个体，雄虾比雌虾大。

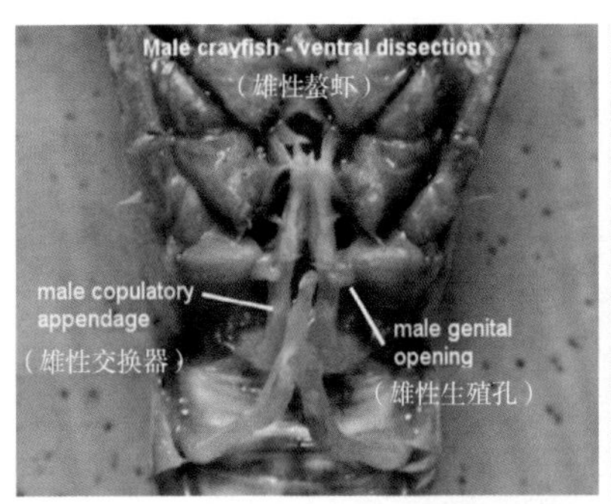

图 2-10 雄性小龙虾

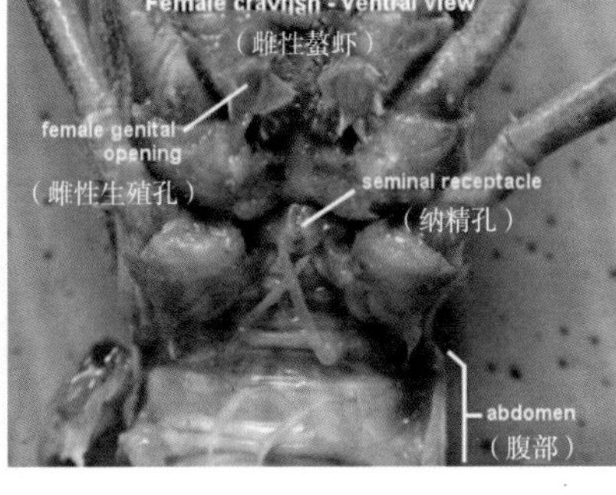

图 2-11 雌性小龙虾

雄性的螯比雌性的发达，性成熟的雄性螯足两端外侧有一明亮的红色软疣；成熟的雄虾在螯上有倒刺，倒刺随季节而变化，春夏交配季节倒刺长出，而秋冬季节倒刺消失，雌虾没有倒刺。

雌虾的第 1 腹肢退化，很细小，第二腹肢正常，雄虾第一、二腹肢变成管状较长，为淡红色，第三、四、五腹肢为白色。

二、小龙虾繁殖季节

小龙虾性腺发育与季节变化和地理位置有很大关系。在长江流域，自然水体中的小龙虾一年中有两个产卵高峰期，一个在春季的 3—5 月，另一个在秋季的 9—11 月。秋季是小龙虾的主要产卵季节，产卵群体大，产卵期也比春季的长。

三、小龙虾交配

小龙虾雌雄螯虾交配时，皆不蜕壳，没有生殖蜕壳现象，交配时雄虾用第一螯足（大螯）紧紧夹住雌虾大螯，两虾腹部紧贴，雄虾第五步足基部的生殖器将乳白色透明的精子射出，附着在雌虾第4和第5步足之间的纳精器中(图2-12)。

小龙虾交配时间长短不一，短者仅5分钟，长者能达1小时以上，一般为10~20分钟；小龙虾有多雄交配的行为，即一只母虾在产卵前会和多尾雄虾交配，大部分雌虾有被迫交配的特征；雌虾交配间隔短者几小时，长者10多天。小龙虾的纳精囊为封闭式纳精囊，雌虾的卵母细胞要交配后才开始发育。

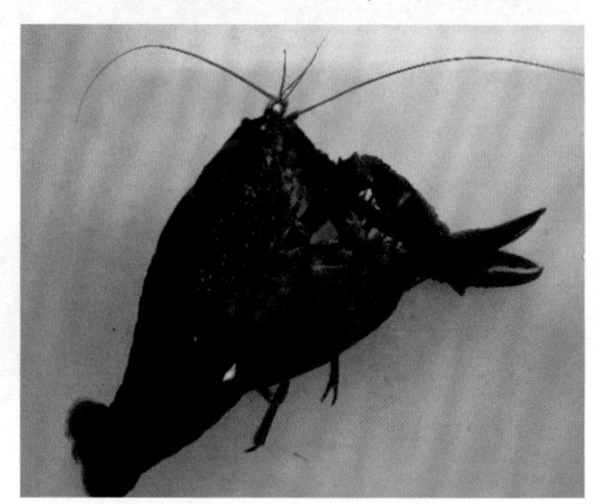
图2-12　小龙虾交配

小龙虾交配后要数天后产卵，长的可达2~3个月后产卵，在自然水域中产卵行为大多在洞穴中进行，雌虾从第三步足基部的生殖腔中产出成熟的卵子，经过纳精囊时形成受精卵。

四、小龙虾卵巢发育与产卵

1. 小龙虾卵巢发育周期

小龙虾精巢发育外形上很难辨别，通常以卵巢发育观察为主。根据卵巢颜色变化、外观特征、性腺成熟系数（GSI）和组织学等特征，通过分期法把螯虾的卵巢发育分成7个时期：未发育期、发育早期、卵黄发生前期、卵黄发生期、成熟期、产卵后期和恢复期（表2-3）。

从性腺周年变化可以看出，小龙虾一年中有两个产卵群。产卵后有相当一段时间的抱卵期（该时间的长短随水温而变化），此时性腺基本停滞在恢复Ⅱ期。从一年的两个产卵群数量比较，秋季的高于春季的，产卵期也比春季的长。所以秋季是小龙虾的主要产卵季

节。有研究认为“产卵群体常常是由两部分组成的：一部分是第一次性成熟的个体（称为补充群体）和另一部分重复进行产卵的个体（称为剩余群体）所组成”。从产卵个体的大小来看，春季产卵的主要是以剩余群体为主（体长通常在 9.0 厘米以上），秋季的既有补充群体，也有相当比例的剩余群体。

表 2-3 小龙虾的卵巢发育分期

卵巢发育时期	卵巢外观
1 未发育期	白色透明，不见卵粒
2 发育早期	白色半透明的细小卵粒
3 卵黄发生前期	均匀的淡黄色至黄色卵粒，卵径 10~300 微米
4 卵黄发生期	
初级卵黄发生期	黄色至生黄色卵粒，卵径 250~500 微米
次级卵黄发生期	黄褐色至深褐色卵粒，卵径 450~1.6 毫米
5 成熟期	深褐色卵粒，卵径 1.5 毫米以上
6 产卵后期	
抱卵虾期	产卵后卵巢内残存有粉红至黄褐色卵粒
抱仔虾期	白色透明，不见卵粒
7 恢复期	白色半透明的细小卵粒

2. 小龙虾产卵

每年春秋是小龙虾产卵的高峰季节，产卵行为均在洞穴中进行，产卵时虾体弯曲，游泳足伸向前方，不停地扇动，以接住产出的卵粒，附着在游泳足的刚毛上，卵子随虾体的伸曲逐渐产出。产卵结束后，尾扇弯曲至腹下，并展开游泳足包被，以防卵粒散失。整个产卵过程为 10~30 分钟。螯虾的卵为圆球形，晶莹光亮，不是直接粘游泳足上，而是通过一个柄（或暂称卵柄）与游泳足相连（图 2-13）。

刚产出的卵呈橘红色，直径 1.5~2.5 毫米，随着胚胎发育的进展，受精卵逐渐呈棕褐色（图 2-13、图 2-14），未受精的卵逐渐变为混浊白色，脱离虾体死亡。小龙虾每次产卵 200~700 粒，最多也发现有抱 1 000 粒卵以上的抱卵亲虾。卵粒多少与亲虾个体大小及性腺发育有关。

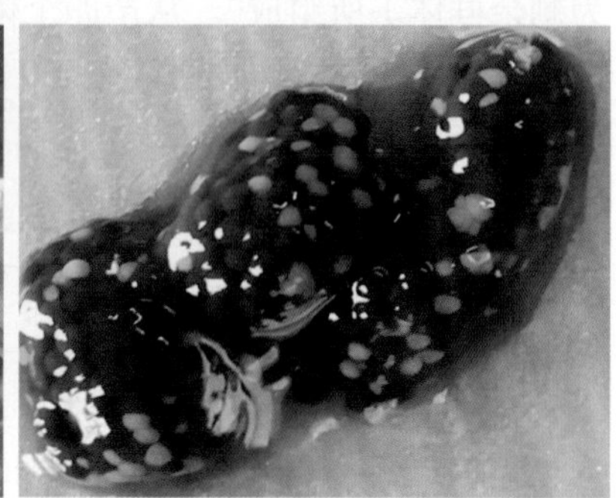

图 2-13、图 2-14　小龙虾卵巢发育

3. 孵化

小龙虾的胚胎发育时间较长（图 2-15 至图 2-22），水温 18~20℃，需 30~40 天。如果水温过低，孵化期最长可达 2 个月。亲虾在整个孵化过程中，亲虾的游泳足会不停的摆动，形成水流，保证受精卵孵化对溶氧的需求，同时亲虾会利用第二、第三步足及时剔除未受精的卵及病变、坏死的受精卵，保证好的受精卵孵化的顺利进行。

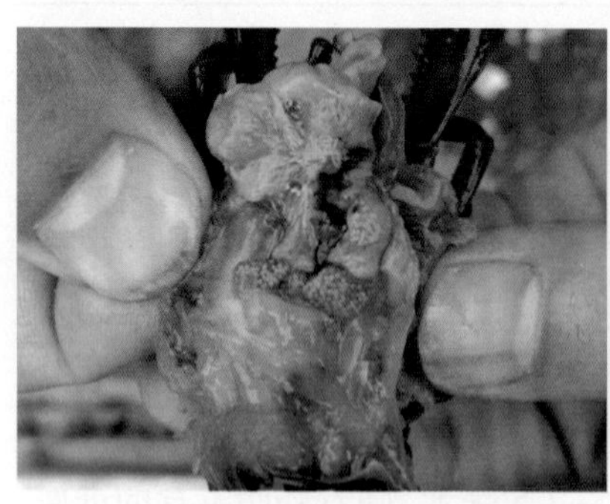

图 2-15　小龙虾卵巢（9 月中旬）

图 2-16　小龙虾卵巢（10 月中旬）

图 2-17、图 2-18 小龙虾抱卵早中期

图 2-19、图 2-20 小龙虾抱卵成熟期

图 2-21、图 2-22　小龙虾抱卵末期

4. 小龙虾护幼习性

小龙虾亲虾有护幼习性，刚孵出的幼虾一般不会远离母亲，在母亲的周围活动，一旦受到惊吓会立即重新附集到母体的游泳足上，躲避危险。刚孵出的幼体为蚤状幼体，体色呈橘红色，倒挂于母虾的附肢上；蜕壳后成 I 期幼虾，形态似成虾，幼虾蜕壳 3 次后，才离开母虾营独立生活。

第六节　小龙虾的生长习性

小龙虾生长速度较快，春季繁殖的虾苗，一般经 50~60 天的饲养，就可达到体长 8 厘米以上，重量 35 克 / 尾以上的商品虾（图 2-23、图 2-24）。小龙虾是通过蜕壳实现生长的，蜕壳的整个过程包括蜕去旧甲壳，个体吸水迅速增大，然后新甲壳形成并硬化。因此小龙虾的个体增长在外形上并不连续，呈阶梯形，每蜕一次皮，上一个台阶。小龙虾在生长过程中有青壳虾和红壳虾，青壳螯虾是当年生的新虾，一般出现在上半年，池水深、水温低的水体较多，通常经过夏天后大部分为红壳螯虾。小龙虾蜕壳与水温、营养及个体发育

阶段密切相关，幼虾一般 3~5 天蜕壳一次，以后逐步延长蜕壳间隔时间，如果水温高、食物充足，则蜕壳时间间隔短，冬季低温时期一般不蜕壳。

图 2-23　25~40 克 / 尾的商品虾

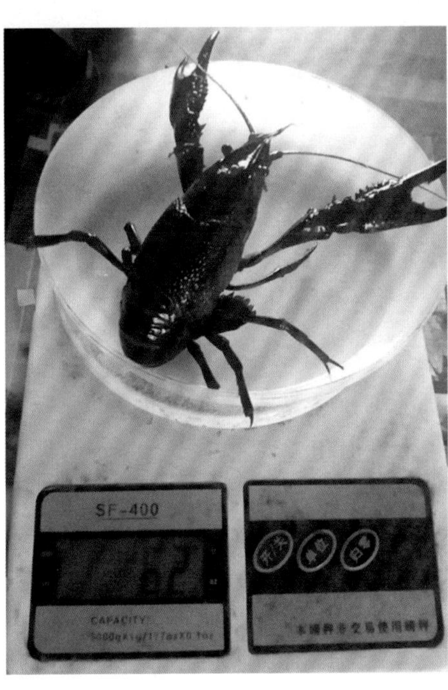

图 2-24　重量大于 50 克 / 尾的大规格虾

第三章 小龙虾养殖第一步：前期准备

第一节　小龙虾养殖的思想准备和资金准备

一、小龙虾养殖投资的思想准备

小龙虾养殖要根据自己的实际情况进行投资，近年来较多工商资本大面积进入农业行业，为小龙虾产业发展增加了很多新鲜力量。总的来说，小龙虾养殖不同于工业投资，和其他农业产业一样，都是需要在土地整理、流转，农村工作协调，农业物资周转等方面长期投入，也是需要亲力亲为、长期积累的项目。搞农业必须要有长期投入的决心和思想准备，要多考虑不可控制的天气、降雨、土壤环境等各种因素，切忌盲目投资。

小龙虾生长周期短，见效快，在养殖得当的条件下，从虾苗投放到成虾上市一般在2~3个月内可以全部完成。为降低养殖风险，更多做好理论与实际的结合，理解小田与大田的差异、土质类型的差异、自然环境的差异、粗养与精养的差异、饲料供给的差异、基础设施的差异、生产管理处理烦琐事件和农民群体认知等方面出现的问题，在决定投资之前，须做好充分的准备工作，主要包括如下几个方面。

① 长期投资长期积累的思想准备。

② 自然环境、天气、降雨不可控的思想准备。

③ 农业农村水土变化与病害的思想准备。

④ 养殖场交通不便给生活上带来的思想准备。

⑤ 小龙虾销售强烈的季节性思想准备。

二、小龙虾养殖投资的资金准备

1. 土地流转及相关费用

包括土地承包费用和复垦保证金两个方面，各地政策不一。土地承包费用一般 800~1 000 元 / 亩（1 亩土地面积为 667 米^2，湖北等地也有称 1 000 米^2 为一亩，注意区别），土地复垦保证金一般 200~400 元 / 亩。2005 年 3 月 1 日起施行的《农村土地承包经营权流转管理办法》[中华人民共和国农业部令（第 47 号）] 对流转当事人、流转方式、流转合同、流转管理等有严格的要求。土地流转应严格按照相关法律要求开展（图 3–1、图 3–2），确保流转的合法性、公开、公正。

图 3–1　江苏省农村土地流转平台

图 3–2　湖北省农村土地流转平台

2. 土地整理工程

包括土地平整（图 3–3、图 3–4）、池塘土方工程、引水沟渠整理、进水泵站（图 3–5）、进水管路（图 3–6）、排水涵闸、防逃防漏、防盗等内容。

图 3-3　平原地区平整的田块

图 3-4　丘陵山区有高差的田块

图 3-5　提水泵站

图 3-6　进水涵闸

3. 管理用房及场地准备

包括工人吃住管理用房（图 3–7）、饲料物资仓储、小龙虾分拣及水电配套设施（图 3–8）等。

图 3-7　养殖场管理用房

图 3-8　生活饮用水水塔

4. 人员工资

包括常驻工人的人员工资和捕虾、分拣等临时工人员的工资两项。

5. 虾苗或种虾采购

小龙虾养殖种虾、虾苗成本在养殖场建场第一、第二年占比较大，除第一次投种虾、虾苗的成本外，养殖不顺利的时候种虾、虾苗还需要后期补充投放。

虾苗一般春季投放（图 3-9、3-10），种虾一般秋季投放。总体成本一般达到 1 000 元 / 亩左右，养殖模式不同成本不同。

图 3-9　刚捕捞的小龙虾虾苗

图 3-10　小龙虾亲虾装车运输

6. 小龙虾饲料

饲料是除基建、苗种、人工外最大的成本支出。依照饵料系数 1.5（即养殖 1 千克商品虾，需要投入 1.5 千克饲料），饲料价格 4 000~6 000元/吨来粗略计算，小龙虾饲养净成本为6~9元/千克。小龙虾养殖一般以颗粒蛋白饲料为主，辅助使用大豆、玉米、小麦等日粮（图3-11、图3-12）。小龙虾饲料从饲料厂出厂多为20千克/袋。

7. 水质、底质调控产品

包括调水微生物制剂、曝气、底改、藻类调控等产品（图 3-13、图 3-14）。

图 3-11　小龙虾袋装饲料

图 3-12　小龙虾颗粒饲料

图 3-13　水产用投入品

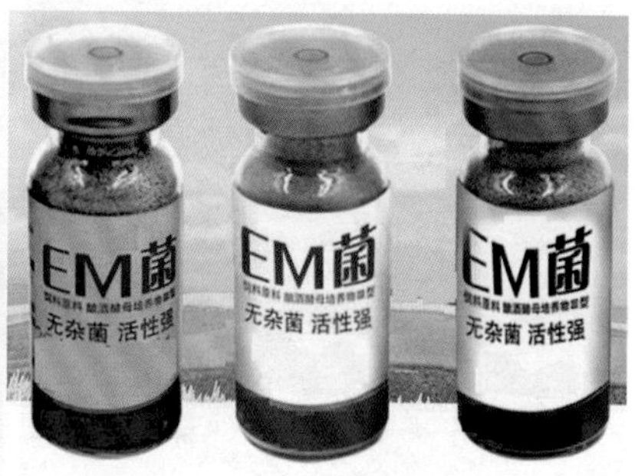

图 3-14　水产用 EM 菌制剂

8.渔船、投饵机及观察台（图 3-15、图 3-16）

图 3-15　渔船

图 3-16　饲料投喂观察台

9. 捕捞地笼

因捕捞不同规格小龙虾而使用的各种不同规格的地笼（图 3-17、图 3-18）。捕捞小龙虾苗采用密网眼地笼，捕捞大规格商品虾采用大网眼地笼。

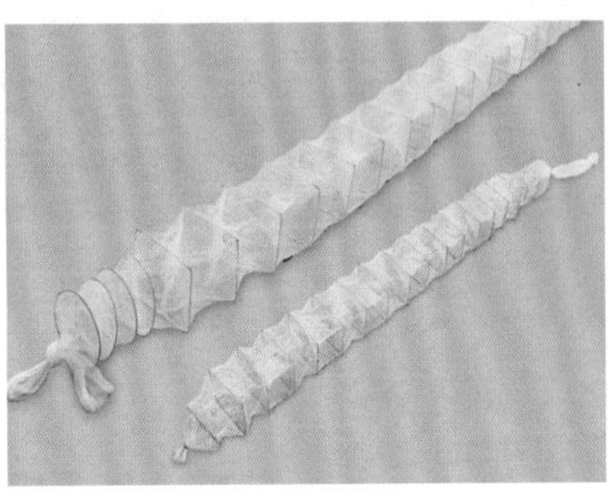

图 3-17、图 3-18　不同长度的地笼网

10. 其他费用

包括分拣台、泡沫箱、储运车及其他生产工具（图 3-19 至图 3-22）。

图 3-19　分拣台

图 3-20　储运车

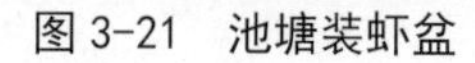

图 3-21　池塘装虾盆

图 3-22　小龙虾运输筐

第二节　小龙虾养殖的土地选择

一、土地位置

第一条，通水条件，虾塘选址必须要有充沛的水源条件并且水质良好，且能够通过提灌或者自流形式供水。在选择场地建虾池时，要求离养殖场周围 3 千米以内无污染源，符合我国颁布的《无公害食品　淡水养殖用水水质》（NY 5051—2001）。土地规整（图 3-23、图 3-24），基本能够成方成网，不能有太大高差，地势开阔平缓利于建设和管理。

图 3-23、图 3-24　视野开阔、水质良好的小龙虾养殖场

二、土壤地质

小龙虾有冬夏穴居的习性，交配产卵和孵化幼体也大多在洞穴中进行。因此，养殖池塘土壤土质的好坏是小龙虾养殖成败的一个重要因素。土壤可分为壤土、黏土、砂土粉土、砾质土等，用于苗种繁育的池塘土质以壤土、黏土为宜。小龙虾养殖选址过程中，应勘查备选地块的地表 10~20 厘米土壤耕作层，还要查勘地面以下 1.2~1.5 米土层的情况，确认地面以下土层不会渗漏、塌陷（图 3–25、图 3–26）。

图 3–25、图 3–26　土壤土质勘查

壤土和黏质土池塘（图 3–27、图 3–28）保水力强，水中的营养盐类不易渗漏损失，小龙虾挖掘洞穴不易塌陷，有利于小龙虾的苗种繁殖与生长。其他土质养殖池塘，只要不渗漏水，能够种植水草，都可以进行小龙虾养殖。

图 3–27、图 3–28　黏土、壤土（适合小龙虾养殖）

砂（沙）土水体硬度高、通透性好、保水性差、肥力差、肥水难，这类沙土土质不适宜小龙虾养殖（图 3-29、图 3-30）。土壤中碎石头多不易压实，容易存在孔隙，造成漏水，也不适合挖塘养殖。

图 3-29、图 3-30 易塌方、易漏水的沙土、砂石土（不适合小龙虾养殖）

三、交通与电力保障

交通顺畅，通信有保障，保证从池塘前期建设机器设备能够到场，以及后期虾塘投入生产后的管理与销售有交通运输通道条件；电力有保障，能够保证增氧机、路灯、投饵机、生活用电；生活便利，有饮用水源，能够维持工人的基本生活需求。

四、安全性

能够抗洪涝灾害，特别是在每年的汛期该区域应该处于高位。不能处于大江大河附近或者水库泄洪口下方。附近没有污染风险，如化工厂、畜禽养殖场、排污口等可能会造成虾塘安全、养殖安全及人身安全的，在选址时都尽可能地避免。

五、池塘朝向与通风

应尽可能地选择通风性好、阳光充裕、日照时间长、不易被遮挡的地方（图 3-31、图 3-32）。阳光对小龙虾本身健康成长以及池塘整体生态环境的营造都非常重要。

良好的通风，吹起的波浪能够增加水体流动性，提高池塘水体自我净化的能力、提高藻类的生长活性，利于池塘管理、提高小龙虾产量。

图 3-31、图 3-32　东西向为主的养殖池塘

六、注意各类红线

小龙虾养殖场选址时禁止触及国家法律法规及当地政府明令禁止的范围。

第三节　土地流转注意事项

一、土地流转的时间节点

为提高土地的利用效率，保障土地流转后能够迅速投产，一般小龙虾养殖土地流转的时间节点为秋冬季，或春末夏初。

① 精养池塘没有特殊的土地流转时间要求，一年四季均可。

② 秋冬季流转土地，原来稻麦两季种植的地块，在秋季水稻收割后完成土地流转，一般在春节前完成土地流转，土方工程、水草种植等各项工作，实现来年春节投苗养殖。

③ 对于春季土地闲置，不开展小麦种植的地区，可在春天开展

土地流转工作，春末夏初，在水稻种植之前完成各项准备工作，先收获一轮稻谷，在秋季投放种虾养殖。

二、土地流转的基本要求

依照《土地承包法》和《农村土地承包经营权流转管理办法》，土地流转应有合法的流转程序，农民将其承包土地经营权出租给大户、业主或企业法人等承租方，出租的期限和租金支付方式由双方自行约定，承租方获得一定期限的土地经营权，出租方按年度以实物或货币的形式获得土地经营权租金。为保证土地流转的法律效力，减少纠纷，应在当地农村产权交易所完成土地流转的挂拍、投标、公示、合同签立等流程。

土地流转合同应包含流转土地的确切地理位置、土地的边界、流转方式、单位（亩、米^2）流转费用、流转金给付方式、土地流转的年限、双方的权利与义务，以及法律规定的其他内容。

三、土地流转的注意事项

1. 确保土地流转的公平、公开、公正

土地流转的公平、公开、公正，确保农民、村组、当地政府主管部门的认可，是土地流转以及生产顺利开展的前提条件。土地流转之前应广泛征求意见。土地流转过程中，流转信息挂拍、招标、投标、中标公示、合同签立（图 3–33、图 3–34）应在政府土地流转平台上开展，合同应有相应的专用编号，落款盖章应符合国家的相关规定。

2. 确保土地承包农民的自愿以及农民对土地使用的知情权

土地流转应尊重农民的自愿原则，土地流转后，各种程度的土方工程都会使原来的小面积分割农田进行整合，原先各农户土地承包中边界会因为土地整理而丢失，应确保农户对土地流转后的使用用途、土地整理的改造强度有知情权，减少纠纷。

3. 确保取水、用电、交通的前提保障

土地流转是小龙虾养殖的很重要一部分，另外取水、用电、交通也同样重要，缺一不可，应做好充分保障。

合同编号：H320682110A17090001-01

农村承包土地经营权合同

甲方（流出方）：如皋市

地址：如皋市　　联系电话：

乙方（流入方）：　证件号码：

地址：江苏省如皋市　　联系电话：

根据《中华人民共和国农村土地承包法》和有关政策、法规以及《关于进一步加强农村土地流转规范管理和风险防范的指导意见》（皋政办发〔2016〕162号）文件规定，本着自愿、互利、平等的原则，经甲乙双方协商，订立如下土地流转合同。

一、流转项目：　土地流转，坐落：如皋市　　土地、河道及水塘面积157亩，供乙方经营使用（四址范围：东至　鱼塘，西至　区界，南至四组后河，北至集中居住小区中心路，面积以实际丈量为准）。

二、流转土地用途：稻田综合种养。

三、土地流转的期限和起止日期，双方约定，土地承包经营权流转期限为10年，从2017年11月1日起至2027年8月31日止。

四、流转价款、支付方式及时间，双方约定种植地块（145亩）每亩每年1000元土地流转费，河道水面地块（12亩）每年400元/亩流转费；签约当年，乙方应在合同签订生效之日起3天内向甲方支付土地流转费149800元（合计：157亩），同时缴纳土地复垦保证金，合同签订生效后第二年，乙方于每年10月31日之前一次性付清下一年度土地流转费149800元，待土地流转费付清后方可使用流转的土地。（乙方所流入土地涉农耕地地力补贴资金归本社区原土地承包经营户所有，项目补贴归实际经营主体所有）

五、甲方的权利和义务

1. 权利，按照合同规定收取土地流转费，合同期满后收回流转的土地。

2. 义务，协助乙方按合同规定行使土地经营权，帮助调解其与其他承包户之间发生的用水、用电等方面的纠纷；不得干预乙方正常的生产经营活动；不得以任何形式

3. 流转期间，一方确因特殊情况需要解除合同的，必须提前6个月书面通知对方，并向对方支付违约金100000元（因国家重点工程征用或因不可抗力造成的除外）。

4. 因一方违约造成对方遭受经济损失的，违约方应赔偿对方相应的经济损失。具体赔偿数额依具体损失情况确定。

5. 乙方有下列情况之一者，甲方有权收回土地经营权。①不按合同规定用途使用土地的；②荒芜土地的、破坏地上附着物的；③不按时交纳土地流转费的。

6. 如因甲方的不法村民对乙方的生产经营造成损失的，甲方有义务协调相关事宜，并对乙方损失的部分进行赔偿。

九、合同纠纷的解决方式。甲乙双方因履行流转合同发生纠纷，先由双方协商解决，协商不成的，由村（居）民委员会或镇（区、街道）农村经济服务中心或镇人民政府（管委会）调解，不愿调解或调解不成的，可向市主管部门申请调解，调解无效的，可向人民法院提起诉讼。

十、其他约定事项。本合同一式四份，甲乙双方、村（居）民委员会各执一份，镇（区、街道）农村经济服务中心备案一份。

本合同自甲、乙双方签字或盖章之日起生效。甲、乙双方补充约定：

本合同未尽事宜，由甲乙双方共同协商，达成一致意见，形成书面补充协议，补充协议与本合同具有同等效力。

甲方（流出方）签章：　2017年11月13日

法定代表人签字：

乙方（流入方）签章：　2017年11月13日

法定代表人签字：　身份证号：

见证方：

2017年11月13日

— 3 —

图3-33、图3-34　土地流转合同示范

第四章 小龙虾养殖第二步：池塘工程

小龙虾塘的开挖，受养殖模式、养殖规模的不同，资金投资影响各异。稻虾养殖模式一般都是回字形池塘；小龙虾主养（精养）模式为平底形池塘；小龙虾育苗池塘多呈现条形或“S”形池塘；藕虾养殖模式呈现网格形布局。虾塘规划布局，总体上应将虾塘的受风面和向阳面作为虾塘朝向的重要考虑方向。虾塘应以长方形、条形为主进行，这样的好处是空间利用率大，且有利于塘口日常管理，如饲料投喂、肥水培藻、水质调控、下笼捕虾等。

第一节　池塘设计

一、苗种繁育池

池面积一般为2~5亩，池深1.2~1.5米，池埂坡比为1∶3以上，有利于小龙虾觅食、穴居，池埂顶宽2米以上，便于种植树木；进排水分于池塘两边，池底平整向排水口方向略有倾斜，池塘中间有一条宽60厘米、深30~50厘米集虾沟。

二、小龙虾主养池塘

小龙虾成虾养殖池形状没有明确的要求，为了方便管理，养殖池面积通常为5~10亩，或更大一些，水深1.2~1.5米（图4–1、图4–2）。池中间设浅水区和深水区两部分，深水区面积占整个池塘面

积的20%~40%，可在池塘四周和池中开挖宽3~5米、深1.0~1.2米的深沟，养殖池的池埂顶宽同样要求2米以上。

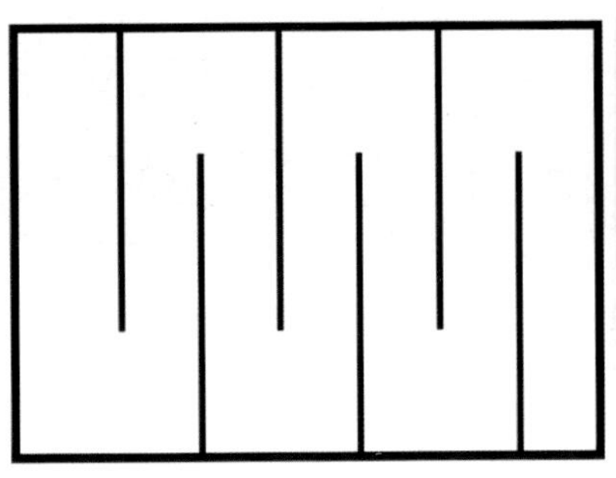

图4-1　小龙虾苗种繁育池塘设计　　图4-2　小龙虾苗种繁育池塘实景

三、稻虾养殖池塘

一般稻虾养殖池塘呈现回字形结构（图4-3、图4-4），四周挖环沟取土成埂，池埂坡比为1∶3以上（图4-5、图4-6），池埂顶宽2米以上，环沟深度1.0~1.2米，宽4~6米，内侧田板有无小田埂均可。

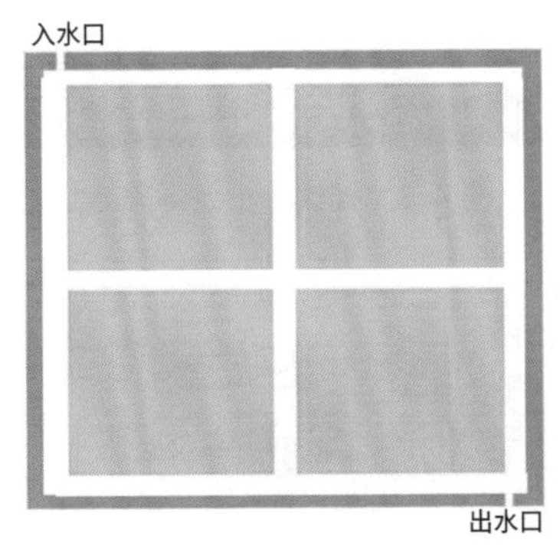

图4-3　稻虾养殖田块设计

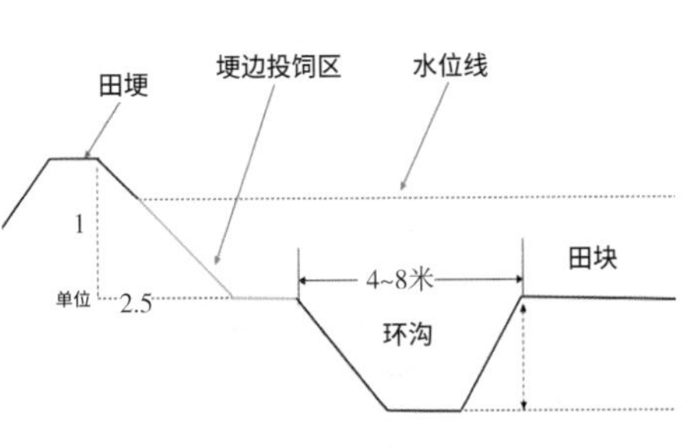

图4-4　稻虾养殖环沟设计

图 4-5、图 4-6　稻虾养殖池塘实景（环沟、田埂坡比不低于 1/3）

四、其他养殖池塘

其他养殖模式还有藕虾养殖、光伏 + 小龙虾养殖、茭白 + 小龙虾养殖等模式。总体要求池塘深度 1.0~1.2 米，池埂坡比为 1 ∶ 3 以上，环沟、十字沟的布局结合其他功能需要布局（图 4-7 至图 4-10）。

图 4-7　藕塘小龙虾养殖

图 4-8　光伏 + 小龙虾养殖

图 4-9　茭白 + 小龙虾养殖池塘

图 4-10　水芹 + 小龙虾养殖池塘

第二节 进排水系统设计

进排水系统包括水泵、进水总渠、干渠和支渠、排水总渠和控制闸等。

养殖场常用的水泵有离心泵、混流泵、潜水泵等，有条件的可建立固定式抽水泵房。水泵的吸水莲蓬头周围应设孔径 1~2 厘米的铁丝网，以过滤水草和杂物，进水泵在不影响滤水的情况下，再设 40~50 目的筛网过滤小杂鱼苗。

进水系统主要有管道和明沟两种结构。管道是一般采用钢筋水泥的函管，地面较整洁，节约土地。但清淤和修理不便，为检查养护方便，可用窨井相连接，但建造费较大（图 4–11、图 4–12）。

图 4–11、图 4–12 池塘进水闸

明沟多数采用水泥护坡结构，断面成梯形，深 50 厘米，底宽 30~40 厘米。进水口用节制闸控制，进水口一般直径为 15~20 厘米的 PVC 管，管口用 60 目的筛网过滤，高于池塘水面 20~30 厘米（图 4–13、图 4–14）。

排水系统由排水沟和排水口组成，具有自流排水能力的池塘都应设有排水口。排水口位于池底的最低处，与排水沟相通（图 4–15、图 4–16）。排水管可用管径为 20 厘米的 PVC 管，在排水沟中通过活动弯头控制排水量。排水沟通常沟宽为1~3米，沟底低于池底，以利于自流排干池水。不能自流排干池水时，可采用动力抽排的方法，排水沟底可以高于池底。

图4-13、图4-14　带过滤网的进水闸

图4-15、图4-16　拔管式排水系统

第三节　工程施工

一、挖机施工

挖机施工前应用石灰粉放线，明确开挖的边界。开挖深度应提

前做好标尺（图 4–17、图 4–18），便于挖机及时比对调整（图 4–19、图 4–20）。

图 4–17、图 4–18 施工放线

图 4–19、图 4–20 坡比达到不低于 1/3 的要求

二、进排水

小龙虾养殖池塘进排水管路，一般用 PVC 管材质，也有的使用波纹管（图 4–21）。所有进水口应有杂物拦截设施，进水口应用 80 目尼龙网包好（图 4–22），防止野杂鱼、鱼卵等进入池塘，影响小龙虾养殖（图 4–23 至图 4–30）。

图 4-21　波纹管管材

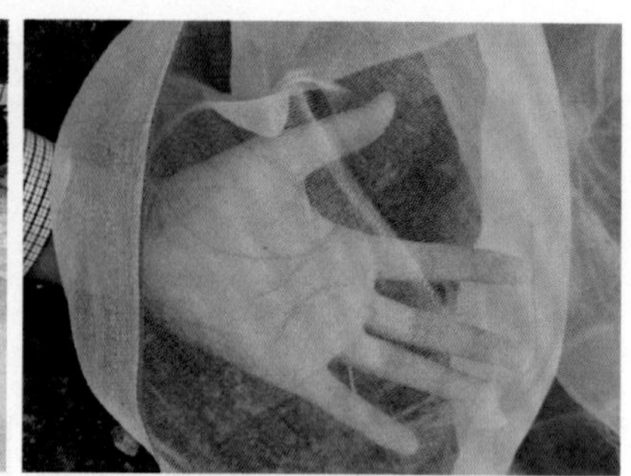

图 4-22　尼龙网

图 4-23　套网袋式过滤

图 4-24　套网袋 + 围网组合过滤

图 4-25　单层围网过滤

图 4-26　套袋 + 漂浮网箱过滤网

图 4-27 多池塘分水闸

图 4-28 进水口尼龙网包扎

图 4-29 排水管

图 4-30 排水口尼龙网包扎（预制套网）

三、插秧机通道

稻虾养殖池塘一般还要预留水稻插秧、拔草、收割等水稻种植需要的进出通道，一般宽 3~4 米，应保障插秧机、收割机能安全通过，不塌陷（图 4-31、图 4-32）。

图 4-31　水泥预制板通道

图 4-32　泥土路通道

第四节　配套设施

一、防逃设施

小龙虾没有洄游习性，可以在同一个池塘内完成育苗、成长，通常在正常情况下养殖的小龙虾不会逃跑，但小龙虾有逆水习性，养殖虾塘在进水和下大雨的情况下，易随水流发生逃逸。因此，在养殖的四周要设置防逃设施（图 4-33、图 4-34），防逃设施材料应因地制宜，可以是石棉瓦、水泥瓦、塑料板、加塑料布的聚氯乙烯网片等，只要能达到取材方便、牢固、防逃效果好就行。防逃网、防逃膜施工时应注意，支撑在池塘外侧，网或膜在内侧（图 4-35、图 4-36），以防小龙虾、河蟹等养殖产品逃逸。

图 4-33　防逃网施工

图 4-34　防逃膜

图 4-35 防逃网固定桩在内侧（不正确）

图 4-36 防逃尼龙网（安装正确）

二、渔船、投饵机、观察台

常用的小龙虾养殖生产还应该配备每一个池塘一条渔船（图 4-37），3~5 套饲料喷洒机（图 4-38），10~20 个饲料观察台，1~2 套割草机（图 4-39）、微生态制剂发酵桶（图 4-40）等，以便生产过程中操作方便，及时观察小龙虾的生长摄食情况。

图 4-37 铁皮船

图 4-38 饲料喷洒机

图 4-39 水草割草机

图 4-40 微生态制剂发酵桶

三、增氧设施

1. 微孔增氧设备布置

微孔增氧在水产养殖中的应用，是近年来新发展起来的一项技术，具有防堵性强，水反渗入管器内少，气体运行阻力弱，水中噪音低，气泡小，增氧效果好，能提高氧利用率 1~3 倍，并节能省本等特点。尤其在虾蟹养殖池中的应用，对提高养殖产量和出塘虾蟹规格起到了十分重要的作用(图 4–41、图 4–42)。

图 4-41、图 4-42　微孔增氧管路安装

2. 风机的选择与安装

一般选罗茨鼓风机或空压机。风机功率一般每亩配备 0.15 千瓦，实际安装时可依水面面积来确定风机功率大小，如 15~20 亩（2~3 个塘）可选 3 千瓦一台，30~40 亩（5~6 个塘）可选 5.5 千瓦一台。空压机功率应大一些。风机应安装在主管道中间，为便于连接主管道、降低风机产生的热量和风压，可在风机出气口处安装一只有 2~3 个接头的旧油桶（不能漏气）。

3. 微孔管安装

风机连接主管，主管将气流传送到每个池塘；微孔增氧管要布

置在深水区，离池底 10~15 厘米处，布设要呈水平或终端稍高于进气端，固定并连接到输气的塑料软支管上，支管再连接主管，形成风机—主管—支管（软）—微孔曝气管的三级管网，鼓风机开机后，空气便从主管、支管、微孔增氧管扩散到养殖水体中。主管内直径 5~6 厘米，微孔增氧管外直径 14~17 毫米，内直径 10~12 毫米的微孔管，管长不超过 60 米。

4. 增氧机安装注意事项

微孔增氧设备的安装最好在秋冬季节，养殖池塘干塘后进行；所有主、支管的管壁厚度都要能打孔固定接头（图 4–43、图 4–44）；微孔管器不能露在水面上，不能靠近底泥；否则应及时调整。

池塘使用微孔增氧管一般 3 个月不会堵塞，如因藻类附着过多而堵塞，捞起晒一天，轻打抖落附着物，或用 20% 的洗衣粉浸泡 1 小时后清洗干净，晾干再用。因此，微孔增氧管固定物不能太重，要便于打捞。

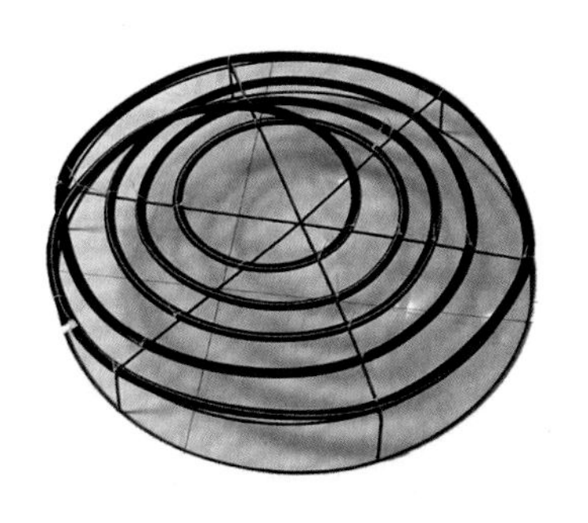

图 4–43 增氧盘

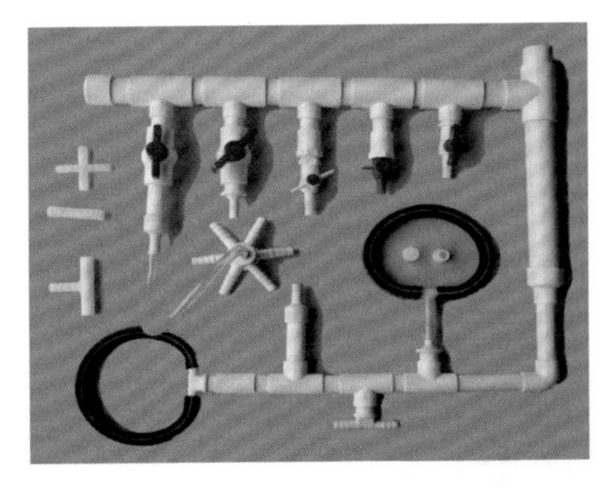

图 4–44 增氧管路相关配件

5. 管理用房

其他建筑物主要是房屋建筑。房屋建筑要便于生产及经营管理、对外联络、日常生活等活动，同时要适当留有扩建的余地。

管理中心（图 4-45）应尽可能安排在场部中心，便于交通和活动。渔具仓库要求通向阳，远离饲料仓库、厨房、饲料房，以免鼠咬，造成损失。生产用房（图 4-46）应分散到适当位置，以便照应整个养殖场。

图 4-45　管理中心

图 4-46　生产用房

第五章

小龙虾养殖第三步：投苗前准备

养好一塘槽、养好一塘水，在小龙虾养殖中都非常重要。小龙虾养殖池塘投放苗种、投放种虾之前，需要做好充分的准备工作，为小龙虾养殖培育好良好的生态环境，主要包括消毒、除害、种草、肥水等必要措施。

第一节　池塘消毒

一、新塘消毒

新挖池塘由于原先农业种植使用农药，有可能会存在少量农药残留，为确保小龙虾养殖安全，建议进行消毒处理，主要包括以下内容。

① 用水泵从水源地打水，上水至田板以上，将池塘浸泡 1~2 周时间，排水，往复 2~3 次即可。

② 新开挖的池塘，一般采用生石灰、漂白粉等消毒。

生石灰法：生石灰来源广泛，使用方法简单，一般用量为水深 10 厘米塘口每亩用生石灰 50~75 千克。生石灰需现化，趁热全池泼洒。生石灰的好处是既能提高水体 pH 值，又能增加水体钙含量，有利于亲虾蜕皮生长。生石灰清塘 7~10 天后药效基本消失，此时即可放养亲虾（图 5-1）。

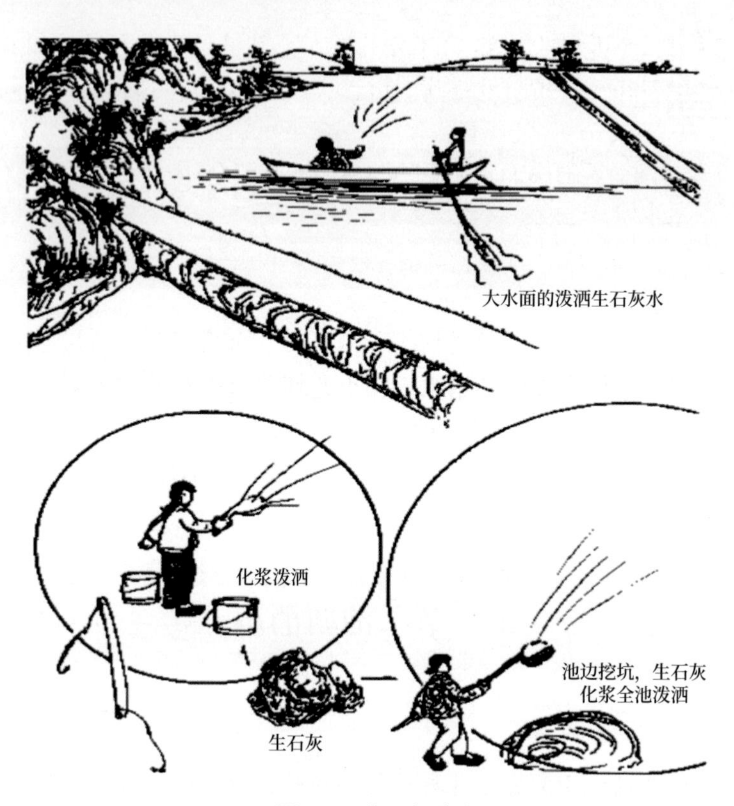

图 5-1　生石灰消毒

漂白粉、漂白精法：此两种药物遇水分解释放次氯酸、初生态氧，有强烈的杀菌和清除敌害生物的作用。一般消毒用药量为：漂白粉 20 毫克 / 千克，漂白精 10 毫克 / 千克，使用时用水稀释全池泼洒，施药时应从上风向下风泼洒，以防药物伤眼及皮肤。药效残留期 5~7 天，之后即可放养亲虾。

二、陈塘消毒

虾池经过几年养殖后，由于积存残饲且淡水虾大都营底栖息生活，易环境恶化导致病害的发生。粪便和生物尸体与泥沙混合形成淤泥，淤泥过多、有机物耗氧过大，造成下层水长期呈缺氧状态。

与此同时，小龙虾在不良的环境条件下，其抵抗疾病的能力减弱，新陈代谢下降，容易引发虾病。因此，改善池塘养殖环境，特别是防止淤泥过多，是养殖的重要措施。

1. 清塘

排干池水，挖除过多淤泥，作为作物或青饲料的肥料。池塘要求每年排水一次，干池后挖去过多淤泥。

2. 晒塘

排干池水清塘后，通过日晒和冰冻不仅杀灭病菌，而且增加淤泥的通气性，促使淤泥的中间产物分解、矿化，变成简单的无机物。

3. 消毒

池塘使用生石灰，除了杀灭寄生虫、病菌和害虫等以使池塘保持微碱性的环境和提高池水的硬度，增加缓冲能力，并使淤泥中被胶体所吸附的营养物质代换释放，以增加水的肥度。

三、除害

通常情况下，无论是小龙虾苗种池塘还是成虾养殖池塘，每年均需要多次实施除害，主要是杀灭池塘内的野杂鱼以及致病菌等，一般在虾苗或亲虾投放前 15 天左右进行除害工作，目前消毒除害的主要方法如下。

1. 茶粕法

茶粕（图 5-2）是油茶籽榨油后的饼粕，含有一种溶血性物质——皂角苷，对鱼类有杀灭作用，但对甲壳动物无害。常规用法：先将茶粕敲碎，用水浸泡，水温 25℃时浸泡 24 小时，加水稀释后全池泼洒，用量为每亩每米水深施用 35~45 千克。清塘 7~10 天后即可放养亲虾。

2. 巴豆法

巴豆是大戟科植物巴豆的果实，其可以有效杀灭池中野杂鱼。一般用量为水深 10 厘米塘口每亩施用 5.0~7.5 千克。用法：先将巴豆磨碎成糊状，盛进酒坛，加入白酒 100 毫升，或加食盐 0.75 千克，密封 3~4 天，加水稀释，施用时连渣带汁全池泼洒。此法对亲虾养殖很有利，但使用不便，使用时须防误入口引起中毒。清塘后

10~15 天，池水回升到 1 米时即可放养亲虾。

3. 药物除害

目前一些鱼药生产厂家也推出了一系列高效消毒除害药物（图 5-3），但是养殖单位及个人选择施用药物须慎重，应采取安全有效的消毒除害方法。

图 5-2　茶粕饼

图 5-3　杀野杂鱼药

第二节　水草种植

常言道“养好一塘虾，先养一塘草”，良好的水草环境是小龙虾吃食、休息、脱壳、隐蔽必不可少的一部分。水草管理也是小龙虾养殖过程中重要的一环，水草管理好坏对小龙虾养殖产量、养殖规格、养殖效益有着决定性的作用，应给予重视。

水草既是小龙虾的主要饵料来源，也是其隐蔽、栖息的重要场所，还是保持虾池优越生态环境的主要贡献者。适宜种植的水草有伊乐藻、轮叶黑藻、苦草、水花生、水葫芦等。水草富含维生素 C、维生素 E 和维生素 B_{12} 等，能够为小龙虾生长提供营养物质，减少饲料投喂。此外，水草可以通过光合作用释放充足氧气，还能大量吸收水中氨态氮、二氧化碳等有害物质，对稳定水环境 pH 值、增加水体透明度、促进蜕壳和提高饲料利用率等均有重要意义。

水草种植宜多品种搭配，种植单一品种水草风险较大，也不利于发挥各种水草的优点。如伊乐藻耐低温可成为早期虾池的理想水生植物，覆盖率控制在 30% 左右；利用轮叶黑藻喜高温、虾喜食、不易破坏的特点，可成为中后期的主打品种，轮叶黑藻覆盖率控制在 40% 左右。

一、伊乐藻

伊乐藻叶片 3 枚轮生，是一种优质、速生、高产的沉水植物，原产美洲。其营养丰富，可以净化水质，防止水体富营养化，有助于营造良好的水质环境。伊乐藻耐低温，是小龙虾养殖最主要使用的水草，适应力极强，气温在 5℃以上即可生长，在冬季也能以营养体越冬。因此，该植物最适宜繁殖池塘移栽（图 5–4、图 5–5）。

图 5–4 鲜嫩的伊乐藻

图 5–5 长老发黄的伊乐藻

种植时间：以冬季为主。

种植方式：在池塘消毒、进水后，将截成 15~30 厘米长伊乐藻营养体，以 5~8 株为一簇，按每平方米 2~3 簇的密度栽插于池塘中，“横竖成行”，保证水草完全长成后，池水仍有一定的流动性。池塘淤泥少或刚开挖的池塘，栽插每簇伊乐藻时，先预埋有机肥 200~400 克，其生长效果更好（图 5–6、图 5–7）。

图 5-6　苗种繁育池塘移栽成功的伊乐藻

图 5-7　苗种繁育池塘移栽水草

二、轮叶黑藻

轮叶黑藻俗称温丝草、灯笼薇、转转薇等（图 5-8、图 5-9），属水鳖科、黑藻属单子叶多年生沉水植物，茎直立细长，长 50~80 厘米，叶带状披针形，4~8 片轮生，通常以 4~6 片为多，长 1.5 厘米左右，宽 1.5~2 厘米。叶缘具小锯齿，叶无柄。

图 5-8　轮叶黑藻芽孢

图 5-9　轮叶黑藻茎节

种植方式有以下几种。

枝尖插植繁殖：每年的 4—8 月，处于营养生长阶段，枝尖插植 3 天后就能生根，形成新的植株。

营养体移栽繁殖：一般在谷雨前后，将池塘水排干，将长至 15 厘米轮叶黑藻切成长 8 厘米左右的段节，每亩按 30~50 千克均匀泼洒，使茎节部分浸入泥中，再将池塘水加至 15 厘米深，约 20 天后全池

都覆盖着新生的轮叶黑藻。

芽苞的种植：每年2—3月，播种时应按行、株距50厘米将芽苞3~5粒插入泥中，或者拌泥沙撒播，当水温升至15℃时，5~10天开始发芽成长。

三、苦草

苦草，别称蓼萍草、扁草，为多年生无茎沉水草本，有匍匐茎，生于溪沟、河流等环境之中（图5–10、图5–11）。

图5–10 苦草

图5–11 苦草种子收集晾晒

种植时间：每年3月到清明前后。

种植方式：水温回升至15℃以上时播种，每亩播种苦草籽100克。播种前向池中加新水3~5厘米深，最深不超过20厘米。选择晴天晒种1~2天，然后浸种12小时，捞出后搓出果实内的种子。并清洗掉种子上的黏液，再用半干半湿的细土或细沙拌种全池撒播。搓揉后的果实其中还有很多种子未搓出，也撒入池中。

四、菹草

菹草，又名丝草（江西）、榨草、鹅草（江苏）。菹草为多年生沉水草本植物，生于池塘、湖泊、溪流中，静水池塘或沟渠较多。菹草根状茎细长，茎多分枝、略扁平，分枝顶端常结芽苞，脱落后长成新植株（图5–12、图5–13）。该草分布于我国南北各省，为世界广布种。

种植时间：菹草生命周期于多数水生植物不同，它在秋季发芽，冬春生长，4—5月开花结果，夏季6月后逐渐衰退腐烂，同时形成鳞枝（冬芽）以度过不适环境。冬芽坚硬，边缘具有齿，形如松果，在水温适宜时开始萌发生长。

种植方式：通常菹草以营养体移栽繁殖。

图5-12　菹草单叶

图5-13　水体中的菹草

五、其他水草

常见的其他水草还有金鱼藻（图5-14）、水花生（图5-15）、水葫芦（图5-16）、水蕹菜（图5-17）等水生植物。

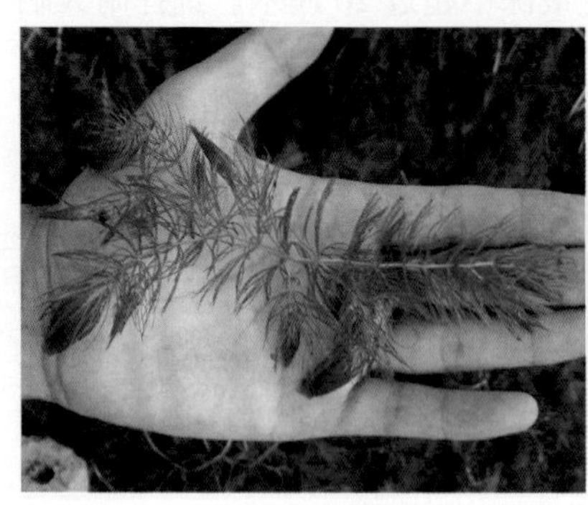

图5-14　金鱼藻

图5-15　水花生

图 5-16 水葫芦

图 5-17 水蕹菜

总之，通过移栽水草使其覆盖率达到整个水面的 1/3~2/3，是营造苗种繁育池塘良好生态环境的关键措施，也是苗种繁育成功的重要保障。

六、水草的日常管理

伊乐藻：每年 4 月，种植伊乐藻的池塘水位不要超过 60 厘米，太深则光照不够，影响伊乐藻生长。5—6 月，伊乐藻快要长出水面时进行割茬，用专用推草刀按株距割掉草头，留下草茎在水里，基本上在高温期前要割 2~3 次，注意割下的水草视塘中伊乐藻覆盖面积选择是否就地栽种。平时注意观察伊乐藻的生长情况，生长的过于旺盛，要及时捞取部分水草，防止高温期大面积浮根腐烂，败坏水质（图 5-18、图 5-19）。

轮叶黑藻：轮叶黑藻在春天必须围栏保护种植，等到 6 月，水草满塘后，方可撤掉围栏，让小龙虾进入。在以伊乐藻或苦草为主要水草的养殖模式中，少量保护种植轮叶黑藻，可以起到在夏天净化水质，保持水质清爽，达到保护伊乐藻或苦草的作用。

苦草：苦草苗期生长缓慢，为促进分蘖，控制营养生长，前期水位控制在 30 厘米以内；6—7 月，苦草进入快速生长期，这时水位逐渐加至 70 厘米以上。枯草喜高温，7—8 月生长尤其旺盛，一定要捞掉被龙虾夹断的枯草，以免败坏水质。苦草覆盖太密时，一定要用专门的割刀割出食路，以便龙虾摄食。

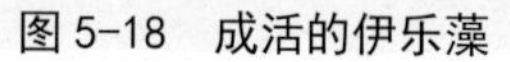
图 5-18　成活的伊乐藻

图 5-19　长大成群的伊乐藻

菹草全草可作饲料，在春秋季节可直接为小龙虾提供大量天然优质青绿饲料。小龙虾养殖池中种植菹草，可防止相互残杀，充分利用池塘中央水体。在高温季节菹草生长较慢，老化的菹草在水面常伴有青泥苔寄生，应在高温季节来临之前疏理掉一部分。

第三节　投苗前水质管理

水质的好坏是决定小龙虾养殖效益的关键因素，而水质主要是由水色表现出来的。水色主要由池塘水体内的浮游生物（包括浮游植物和浮游动物）、有机质及悬浮物构成的总体所呈现出的颜色。

一、水色观察

常见的处于健康状态的水色应该呈现鲜亮的淡绿色，根据不同的气候，藻类会呈现鲜绿色、翠绿色等颜色（图 5-20、图 5-21）。

图 5-20　鲜绿色水体

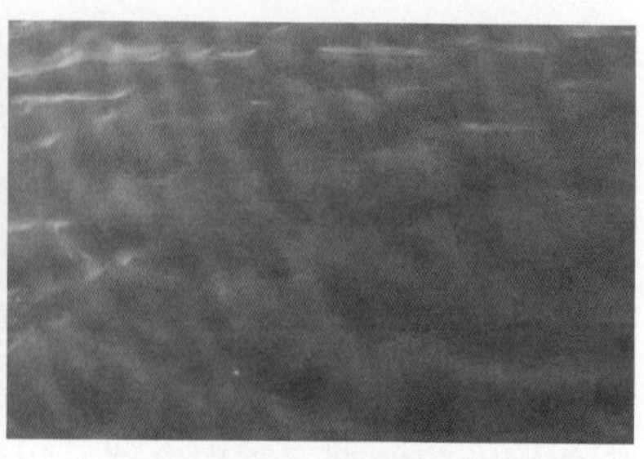
图 5-21　黄绿色水体

当池塘太瘦、清澈见底，或者呈现其他砖红色、褐色水色（图5-22、图5-23）时候，应及时采取措施，防止小龙虾暴发病害。

图5-22 水太瘦易发生青苔泛滥

图5-23 稻梗腐烂易水色发红

二、注水施肥

水草栽种结束后，即可注入新水。注水时采用80目筛绢网过滤，防止野杂鱼及其鱼卵进入池内，池水深度控制在1米左右。注水结束后，即可向繁育池塘施肥。施用的肥料主要是各种有机肥料，其中规模化畜禽养殖场的粪料最好（图5-24、图5-25）。这类粪肥施入水体后，可以培育轮虫、桡足类和枝角类等饵料生物，为即将入池的亲虾提供充足的天然饵料。

图5-24 发酵后的农家肥

图5-25 发酵鸡粪成品

繁育池塘施肥方法有两种：一种是将腐熟的有机肥料分散浅埋于水草根部，促进水草生长的同时培育水质；另一种是将肥料堆放于池塘四角，通过肥水促进水草生长。后一种施肥方法需防止水质过肥，引起水体透明度过低而影响水草的光合作用，导致水草死亡。有机肥料使用量为300~500千克/亩。将陆生饲料草或水花生等打成草浆全池泼洒，既可以部分代替肥料，又可增加繁育池塘中有机碎屑的含量，有效提高苗种培育成活率。

繁育池塘常用的微生态制剂是光合细菌、硝化细菌等细菌类制剂（图5-26、图5-27），也可购买菌种自行发酵使用（图5-28、图5-29）。使用微生态制剂的适宜水温为15~40℃，最适水温为28~36℃，因而宜掌握在水温20℃以上时使用，阴雨天光合作用弱不宜使用。使用时应注意以下几点。

图5-26　EM菌产品

图5-27　硝化细菌产品

① 根据水质肥瘦情况，使用水肥时施用微生态制剂可促进有机污染物的转化，避免有害物质积累，改善水体环境和培育天然饵料；水瘦时应先施肥满足苗种对天然饵料的需求，再使用微生态制剂防止水质恶化。

② 微生态制剂在水温达 20℃以上时使用，调节水质的效果明显。使用时，将微生态制剂对水全池泼洒（图 5-30、图 5-31）；也可以将微生态制剂按饲料投喂量的 1% 拌入饲料直接投喂。疾病防治时，可连续定期使用，兑水全池泼洒。

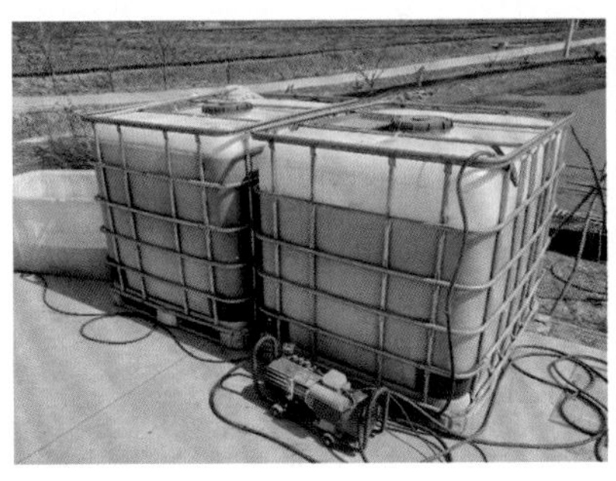

图 5-28、图 5-29 池塘边就地发酵微生态制剂

③ 避免与消毒杀菌剂混施。

微生态制剂是活体细菌，任何杀菌药物对它都有杀灭作用。因此，使用微生态制剂的池塘不可使用任何消毒杀菌剂，必须进行水体消毒时，应在消毒剂使用 1 周后再使用微生态制剂。

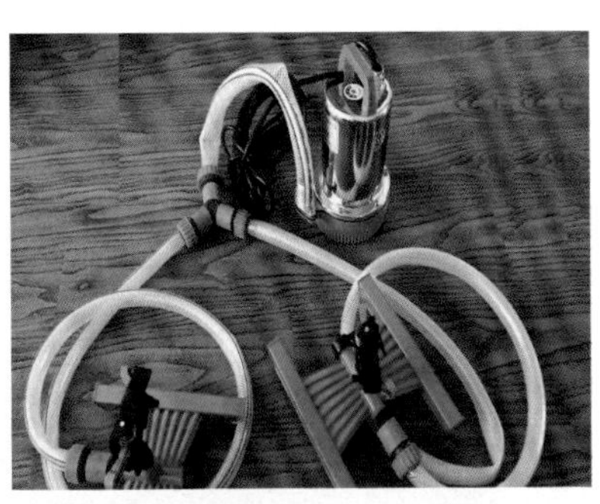

图 5-30、图 5-31 养殖池塘喷药机

第六章 小龙虾养殖第四步：苗种投放

第一节　苗种池塘准备

小龙虾繁育池塘选好后，首先进行整修，抽干池水，加固池埂，清除多余的淤泥。在自然界中，小龙虾繁殖活动大多发生于洞穴中，而洞穴主要分布于池塘水位线 30 厘米以内。因此，增加池塘圩埂长度，可以提高亲虾放养数量，从而增加池塘的苗种生产能力。方法是每隔 20 米左右设置与池塘走向垂直的土埂，土埂高出水位线 30~40 厘米，土埂顶宽 2~3 米，土埂两端坡度不低于 1/2.5。土埂与一侧池埂相连，与另一侧池埂间隔 3~5 米，同一池塘的土埂应间隔连接于同侧池埂，保证进、排水时水流呈“S”形流动（图 6–1、图 6–2）。

图 6–1、图 6–2　小龙虾苗塘

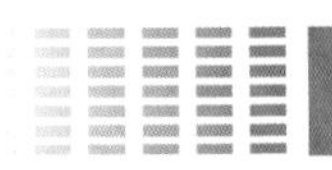

微孔增氧技术与以往水产养殖上使用的水车式、叶轮式增氧机相比，微孔增氧技术具有增氧区域广泛，溶氧分布均匀，节能、噪声小等优势，更好地改善了繁育池塘环境尤其是底栖环境的溶氧水平。同时，由于苗种繁育池塘塘小、水浅、草多，因此在苗种密度普遍较高的繁育池塘铺设微孔增氧设施效果更为显著（图 6-3、图 6-4）。

图 6-3 育苗塘增氧管路四周铺设

图 6-4 育苗塘增氧管路中间通入铺设

微孔增氧系统包括动力电机（空气压缩机）、主送气管道、分送气管道和曝气微孔管等设备。管道的具体分布视池塘布局和计划繁苗密度等因素而定。繁育池塘如采取了增加土埂的改造，曝气管道宜采用长条式设置，或者四周包围式设置。未作改造或池塘面积较大，曝气管道可采用“非”字型设置或采用圆形纳米增氧盘以增加供氧效果。

第二节 小龙虾亲虾投放

一、亲虾选择

亲虾选择一般在 7—9 月进行，选择性腺发育丰满、成熟度好、健康活泼的成虾作为苗种繁育的亲虾。这种亲虾体质健壮，单位体重平均产卵量高、相对繁殖力强。亲虾来源以本繁育场专池培育的亲本为最佳。采购亲虾宜采取就近原则，避免长途运输。为了提高繁育苗种的种质质量，应有意识地挑选来自不同水域的雌雄亲虾，放入同一繁育池塘进行配对繁殖，雌雄亲虾配比为（2~4）：1 为宜。小龙虾亲虾可直接采用通货投放，也可以挑选雌雄虾投放。

二、亲虾运输

亲虾运输一般采取干法运输，即将挑选好的亲虾放入转运箱离水运输。由于亲虾运输时间通常在 8—9 月，此时气温、水温均较高，因此运送亲虾时应选择凉爽的清晨进行。同时，从捕捞开始至亲虾放养的整个过程中，都应轻拿轻放，尽量避免碰撞和挤压。亲虾运输工具以泡沫箱、网夹运虾箱或塑料周转箱为好，箱体底部铺放水草。亲虾最好单层摆放，多层放置时高度应不超过 15 厘米。运输途中保持车厢内空气湿润，避免阳光直射，尽量缩短运输时间，亲虾离水时间应尽量控制在 1~3 小时之内。

三、亲虾投放

选择晴天早晚，池塘放养数量建议一般每亩 20~40 千克，稻田放养数量建议一般每亩 15~30 千克；放养前池塘应进行消毒处理。亲虾运输到达塘边后，先洒水，后连同包装一起浸入池中让亲虾充分吸水，排出鳃中的空气后，把亲虾放入池边水位线上。放养时要多点放养，不可集中一点放养。

四、亲虾营养强化

亲虾放养后，要进行强化培育，提高成活率和抱卵量。首先保持良好的水质环境，要定期加注新水，定期更换部分池水，有条件的可以采用微流水的方式，保持水质清新；其次投好饲料，亲虾由于性腺发育的营养需求，对动物性饲料的需求量较大，喂养得好坏直接影响到其怀卵量及产卵量、产苗量，在此期间除投喂优质配合饲料外，可适当投喂一些新鲜小杂鱼；日投喂 2 次，以傍晚一次为主，投喂量为饲料投喂后 3 小时基本吃完为好，早晨投喂量为傍晚投量的 1/3。在亲虾培育过程中，还必须加强管理。9—10 月是小龙虾生殖高峰，要每天坚持巡塘数次，检查摄食、水质、穴居、防逃设施等情况，检查小龙虾卵巢发育的情况，及时捞除剩余的饵料，修补破损的防逃设施，确定加水或换水时间、数量等（图 6–5、图 6–6）。并做好塘口的各项记录。

图 6–5 亲虾营养强化

图 6–6 虾苗观察

五、亲虾池塘水位管理

小龙虾育苗池塘内水位不宜过深，一般控制在 30 厘米左右，水浅较容易快速提高温度，便于小龙虾幼虾生长；繁殖池内小龙虾幼虾达到虾苗捕捞规格后，应及时捕捞上一年亲虾，防止亲虾捕食小龙虾幼虾。小龙虾池塘应保持水的肥力培育生物饵料，同时早投喂幼虾饲料。

第三节 小龙虾幼虾饲养

一、饲料选择

小龙虾属杂食性动物，自然状态下各种鲜嫩水草、底栖动物、大型浮游动物及各种鱼虾尸体都是其喜食的饵料。在养殖过程中，要求饵料粗蛋白含量在30%以上。由于幼虾的摄食能力和成虾尚有区别，应适当投喂小颗粒虾配合饲料。幼虾培育的前期，投喂黄豆、豆粕浆效果更好。

1. 投喂方法

幼虾培育期的饲料投喂应遵循以下4个原则。

一是遍撒，由于幼虾在繁育池塘中分布广泛，饲料投喂必须做到全池均匀撒喂，满足每个角落幼虾的摄食需求。

二是优质，优质的饲料可以促进幼虾快速生长，幼虾培育期适当搭配动物性饲料，既可以满足幼虾对优质蛋白的需求，也可以减少幼虾的相互残杀，添加比例应不少于30%。

三是足量，幼虾活动半径小，摄食量又小。前期的饲料投喂量应足够大，一般每亩每日投喂2~3千克饲料。后期随着幼虾觅食能力增强，可按在塘幼虾重量的5%投喂，具体投喂量视日常观察情况及时调整。

四是定时，每日投喂2次，分别是8:00—9:00和17:00—18:00，以下午投喂为主，投喂量占日投喂量的70%~80%。如果是10月中下旬孵化出幼虾，越冬前不能分养，越冬期间也要适量投喂，一般是1周投喂1次。

2. 水质调控

繁育池塘水体要保持肥、嫩、活、爽，透明度保持在30~40厘米。10月前每7~10天换水1次，每次20~30厘米；11月后可根据繁育池水实际情况进行注换新水，使得水体溶解氧含量保持在3毫克/升以上，pH值在7~8.5，必要时可泼洒适量的生石灰水，进行水质调节。当幼虾出现后，要适时增施基肥，每亩可施放腐熟的鸡粪50千克。冬季保持水位基本稳定，水深在1米以上。

3. 病害预防

幼虾培育期间，定期使用微生物制剂，一般疾病发生率较低，但要严防小杂鱼等敌害生物的侵害。因此，进水或换水时须用60目筛绢布过滤，严防任何吃食性鱼类进入繁育池塘。

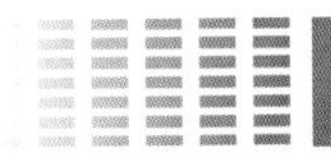

4. 日常管理

坚持每日多次巡塘观察，检查稚虾的脱壳、生长、摄食和活动情况，及时调整投饲量，清除剩余的残饵。随着气温的升高，及时向繁育池塘中补投充足的水生植物，为幼虾提供隐蔽的场所，同时植物嫩芽可供幼虾食用，提高幼虾的抵抗力。

第四节　虾苗捕捞

在适宜的环境条件下，经过 20~30 天的强化培育，小龙虾仔虾体长即可达到 4 厘米以上。此时，可以起捕分塘或集中供应市场，捕捞方法因繁育水体环境的不同可以分别采用密眼地笼、拉网和手抄网等（图 6–7、图 6–8）。

图 6–7、图 6–8　地笼捕捞虾苗

密眼地笼，是一种应用最为广泛的捕捞工具，捕捞效果受水草、池底的平整度等影响。捕捞时，先清除地笼放置位置的水草，再将地笼沿养殖池边 45° 角设置，地笼底部与池底不留缝隙，必要时可采用水泵刺激池水单向流动，以提高捕捞效率。

拉网、手抄网，这两种工具均是依靠人力将栖息在池底或水草上的幼虾捕出。拉网适合面积较大、池底平坦、基本无水草或提前将池中水草清除干净的繁育池塘使用，捕捞速度较快。手抄网适合虾苗密度较高、漂浮植物较多的繁育池塘使用，主要用于小批量的苗种捕捞作业。

小龙虾小苗从地笼、手抄网转移到盆中或框中转运。虾苗转运应轻拿轻放，减少虾苗损伤，保持活力（图 6–9、图 6–10）。捕捞过程中应及时分拣，剔除大规格小龙虾，保证小龙虾苗的规格统一，易于养殖（图 6–11、图 6–12）。运输过程中一般采用干法运输，为保持湿润环境，常用一层虾苗一层草的形式摆放，虾苗不耐压，一般每筐小苗不超过 5 千克（图 6–13、图 6–14）。

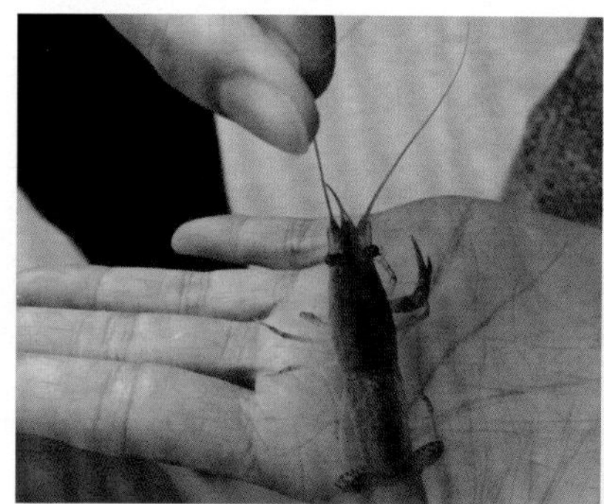

图 6–9、图 6–10　虾苗规格与活力评价

图 6–11、图 6–12　虾苗捕捞与整理分拣

图 6-13、图 6-14　小龙虾虾苗装筐运输

第五节　虾苗运输与投苗

一、苗种选择

小龙虾虾苗的规格一般选择 150~250 尾 / 千克的青壳虾作为虾苗，具有尾数多、脱壳快、生长快等优点，可以在 35~40 天上市卖成虾。

二、投苗时间

虾苗投放以春天为主，每年的 3、4 月是养殖户放虾苗的主要季节。

三、投苗数量

春季投苗一般新塘投放密度为 5 000~6 000 尾 / 亩，陈塘投苗根据存塘虾的多少进行斟酌调整。为促进小龙虾脱壳周期统一，减少小龙虾相互残杀，提高成活率，一般建议单口池塘应在 2~3 天投苗结束。

四、虾苗运输

虾苗对环境的适应能力较强，能脱离水体存活较长时间，因此虾苗运输通常采用干法运输。运输工具可选用网夹箱、泡沫箱或塑料周转箱等（图 6–15、图 6–16）。虾苗装运前，先在箱底铺放适量的水草（以伊乐藻为好），然后在水草上均匀铺放一层幼虾。虾苗外壳壳体较薄，堆装不可过厚，通常一个箱体可运输幼虾 5~10 千克。在运输过程中应注意保持虾体潮湿，避免阳光直接照射，运输时间不宜过长，否则会影响成活率。

图 6–15　带盖运输筐

图 6–16　方形钢架尼龙网运虾筐

五、养殖池塘前期准备

小龙虾虾苗投放到养殖池塘前，养殖池塘应提前做好准备工作，包括水体改良、底质土壤改良等措施。针对稻虾养殖，还会存在稻梗腐烂等问题，造成水色发黑、发红、发臭，直接放虾会造成虾苗中毒死亡，故需要将水换至正常水色。建议换 1~2 遍水，换水后再实施水体改良、底质土壤改良等措施。

六、苗种投放操作要领

虾苗运输到养殖池塘后，不可直接抛投入池塘中，应让虾苗自行爬入池塘中（图 6–17、图 6–18）。这样做可以最大幅度地减少虾苗因长途运输、环境适应带来的死亡。具体原因和操作方法如下。

① 减少应激反应：虾苗运输是不带水的，而气温和水温具有一定的温差，如果把运过来的虾苗直接倒入塘中，会造成龙虾强烈的

应激反应，而造成小龙虾死亡。

② 长时间不带水运输会造成虾苗鳃部脱水粘结在一起，导致龙虾入水后不能通过鳃过滤水中的氧气而窒息死亡。

③ 具体操作：虾苗下塘前需要过水（图 6-19、图 6-20），也就是用筐将虾苗抬入沟边，浸入水中 5~10 秒，然后提起沥干，再浸入水中 5~10 秒。如此反复做 3~5 遍，再放入平台区域的水草附近，将筐倾斜放置，让虾苗自己游出躲入水草中即可。

图 6-17、图 6-18 虾苗投放

图 6-19、图 6-20 虾苗投放浸泡

第七章

小龙虾养殖第五步：成虾养殖

第一节　养殖工作安排

成虾养殖包括饲料投喂（图 7–1、图 7–2）、水位调控、水质调理、底质改良、水草管理、病害防控、每日巡塘等 7 项主要工作，以及塘埂修复、泵站维护、防逃设施维护、地笼网维护等辅助性工作。

图 7–1、图 7–2　饲料投喂

① 饲料投喂是每天必须完成的工作，投喂时间主要在傍晚前，也可以在黎明前投少量饲料。

② 水位调控。根据降雨等自然条件进行微调，总体要保持水位稳定，水位剧烈变动会使得小龙虾产生应激反应，影响摄食生长。

③ 水质调理。定期根据水色观察结果开展调水工作，一般使用

调水产品全塘泼洒来完成，剧烈的水质变化可以辅助换水。

④ 底质改良。小龙虾排泄物、未吃完的饲料会沉积在池塘底部，引起水质恶化，底泥发臭，一般使用曝气、增氧、底改制剂等手段来完成。

⑤ 水草管理。一般 3—4 月投苗，随着气温升高，水草快速生长，应保持水草的覆盖率在 40%~50%，及时清除过多的水草，同时清除高温死亡的水草。

⑥ 病害防控。每天观察小龙虾的健康状态，实施预防为主的病害防控，及时捞除病虾、死虾。

⑦ 每日巡塘。每日早中晚必须完成所有池塘的巡查工作，了解饲料投喂、摄食、水草、病害、水质等情况，并坚持做好每日巡塘记录。

第二节　小龙虾饲料选择

一、小龙虾饲料种类与来源

小龙虾饲料根据其来源主要可分为天然饵料、单一人工饲料（配合饲料原料）、配合饲料三大类。

1. 天然饵料

小龙虾池塘养殖的一大特色就是利用池塘施肥，增加池塘中浮游生物、有益微生物及底栖生物，为虾生长提供营养丰富、数量充足又物美价廉的天然饵料。小龙虾的天然饵料包括浮游植物、浮游动物、底栖生物、底生植物、腐屑和细菌等。

（1）浮游植物　淡水浮游植物包括绿藻（图 7-3）、蓝藻、金藻、隐藻、黄藻、甲藻、硅藻、裸藻等。浮游植物含有丰富的蛋白质、维生素、钙、磷，纤维素含量高，是幼虾的主要食物之一。

（2）浮游动物　浮游动物主要包括原生动物、轮虫（图 7-4）、枝角类、桡足类（图 7-5），以及其他甲壳动物的幼体。浮游动物的繁殖力较强，是鱼虾蟹天然饵料的重要组成部分，大多数鱼虾类的幼体阶段都以浮游动物为主要食物。

（3）底栖动物　小龙虾喜食的底栖动物有螺类、蚌类、螳蜻、龙虱及其幼虫、蜻蜓幼虫、摇蚊幼虫、尾鳃蚓、水蚯蚓、仙女虫等。

（4）水生植物　挺水植物有芦苇、菰、蒲草等；浮叶植物有菱、芡实、睡莲、水花生等；飘浮植物有小浮萍、紫背浮萍、芜萍、水葫芦等；沉水植物各种眼子菜、茨藻、聚草、苦草、轮叶黑藻等。

（5）腐屑和细菌　水生动植物的尸体或代谢产物、饲料肥料的残余有机物、水生细菌等。

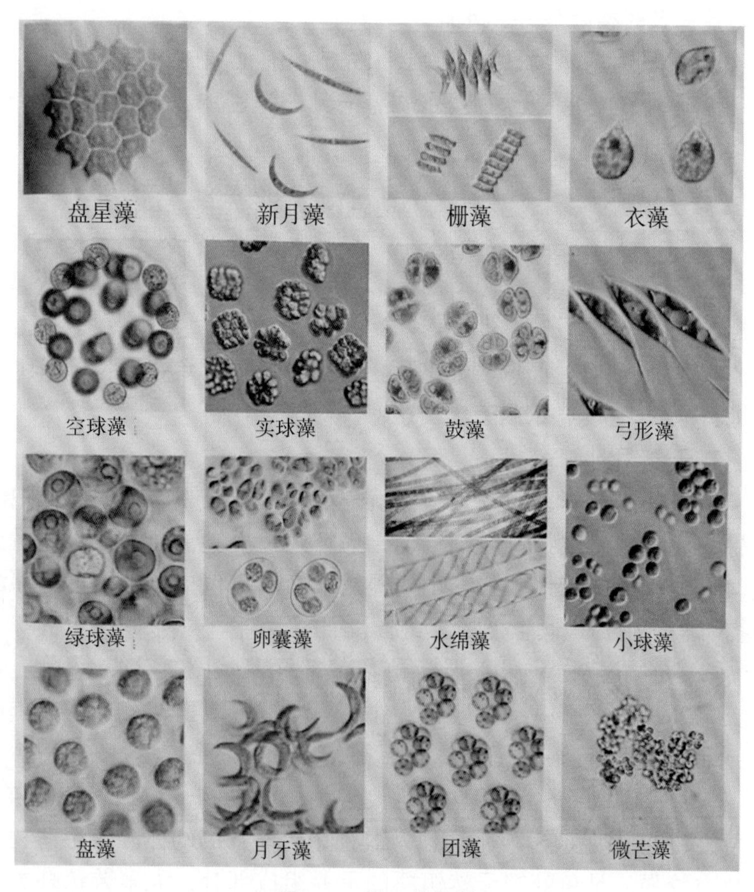

图 7-3　常见的绿藻

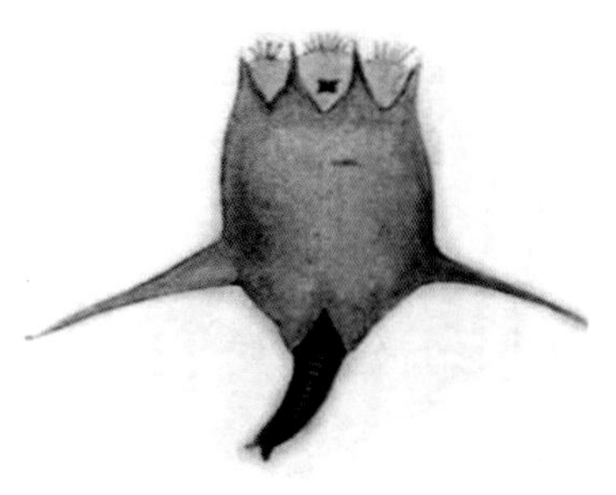
图 7-4 轮虫类

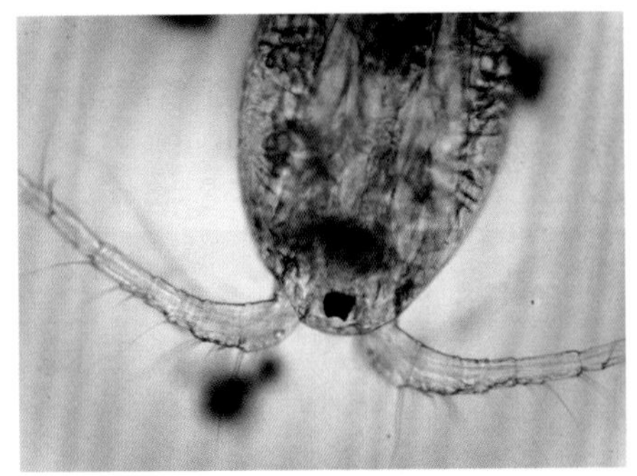
图 7-5 桡足类

2. 单一人工饲料

在小龙虾养殖生产中，天然饵料只是促进虾生长的一个方面，要使虾在短期内达到商品规格，主要还是依靠投喂人工饲料（包括单一人工饲料和配合饲料）。

可以用作小龙虾饲料的人工饲料种类较多，根据不同饲料源的营养特征，具体可以分为动物性蛋白饲料、植物性蛋白饲料等。

（1）动物性蛋白饲料　凡来源于动物的饲料都属于动物性蛋白饲料，以鱼粉、肉骨粉、动物下脚料等为主。鱼粉与水产动物所需的氨基酸比例最接近，添加鱼粉可以保证水产动物生长较快，是重要的动物性蛋白原料。鱼粉粗蛋白质含量为 54%~72%（图 7-6、图 7-7），粗脂肪 8% 左右，富含 B 族维生素，尤以维生素 B_{12}、B_2 含量高，还含有维生素 A、天然维生素 E 等脂溶性维生素，钙、磷的含量高且比例适宜，所有磷都是可利用磷，硒、碘、锌、铁的含量也很高。

（2）植物性蛋白饲料　植物性蛋白源中以豆科籽实及其加工产品、油料籽实及加工副产品为主。目前，大豆豆粕（图 7-8、图 7-9）在虾蟹饲料中已成为动物性蛋白源的主要替代品。大豆粉有全脂大豆粉和脱脂大豆粉两种。豆类籽实经过压榨或浸出法提取油脂后的副产品豆饼（粕），其粗蛋白质含量为 40%~44%，必需氨基酸组成较理想，是最佳的植物蛋白源。生产中常用豆制产品部分替代鱼粉，既能提高饲料利用率，又可降低成本。玉米蛋白粉蛋白质含量有40%与60%两种，富含蛋氨酸和色素，叶黄素占53.4%，具有天然着色剂之功效。

图 7-6、图 7-7　鱼粉原料

图 7-8、图 7-9　大豆粕

3. 配合饲料

小龙虾配合饲料是指根据小龙虾营养需要，将多种饲料原料按饲料配方经工业生产的饲料。以小龙虾的营养需要为依据，并根据饲料原料中各种营养物质的含量，按科学的饲料配方、规定的工艺程序生产出的配合饲料称之为全价配合饲料。按形状分为硬颗粒饲料、膨化颗粒饲料和微粒饲料等（图 7-10、图 7-11）。

目前小龙虾配合饲料主要是硬颗粒饲料。硬颗粒饲料生产工艺流程为：原料清理→粉碎→配料→混合→超微粉碎→环模压制机制粒→后熟化→干燥→冷却→包装。环模压制机采用三层强调质器，使调质后饲料中的淀粉糊化率提高到 40%，从而提高饲料的利用率和水中稳定性。

膨化颗粒饲料生产工艺流程为：原料清理→粉碎→配料→混合→超微粉碎→膨化制粒→干燥→冷却→包装。饲料经膨化后淀粉的糊化率可达 80% 左右，并在颗粒表面形成一层淀粉胶状薄膜，料形圆整。饲料颗粒在水中稳定性也优于环模法。在膨化过程中，有些热敏性营养成分，如维生素 C 和生物活体（酶制剂）等会遭到一定程度的破坏。这类物质可以采用“包衣”法或后添加法，以避免膨化时被大量破坏。

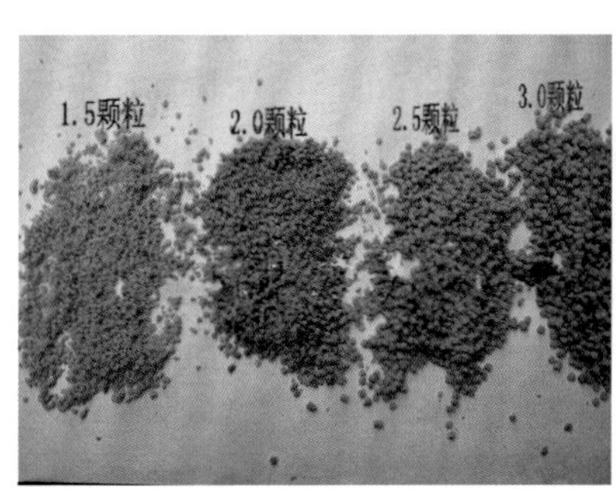

图 7-10 不同尺寸的颗粒饲料

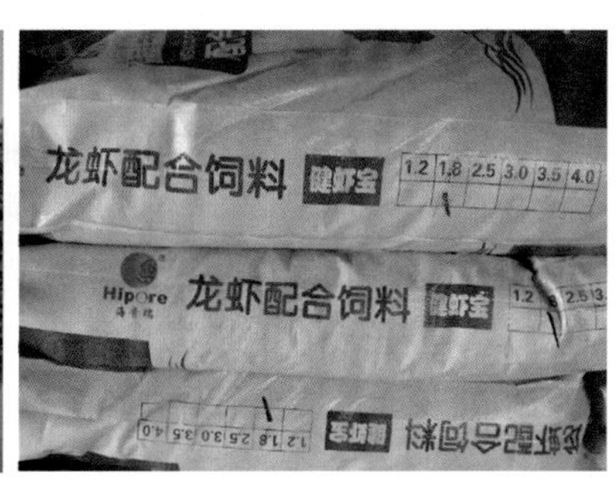

图 7-11 饲料袋上的颗粒标识

二、小龙虾营养需求及饲料配方

1. 小龙虾营养需求

了解小龙虾营养需求是选用饲料的基础和前提。小龙虾和其他水产动物一样需要蛋白质、脂肪、糖类（碳水化合物）、矿物质（无机盐）和维生素五大类营养物质。这些营养物质参与构成机体组织和生理活动，如果缺乏其中的一种或多种必需的营养物质，或者各种营养物质的供应不平衡，将导致小龙虾生长减慢、病害发生，如长期缺乏，将引起死亡。

（1）蛋白质和必需氨基酸　蛋白质是小龙虾生长所需最为重要的成分，虾日粮中的蛋白质是生产中需要考虑的第一营养素。日粮中过低的蛋白质含量会导致虾体生长受到抑制，使得虾体的生长潜能得不到有效的挖掘；过高的蛋白质含量可能会破坏了饲料营养的平衡性，影响个体的生长，同时还可能加重水体氮的负荷，从而影响水质，甚至会对甲壳类动物产生毒害作用，不利于环境和生态的可持续发展。根据相关生产应用发现，小龙虾稚幼虾饲料的最适蛋白水平为32%~36%，成虾饲料的最适蛋白水平为28%~30%。

（2）脂类和必需脂肪酸　脂类是能量和生长发育所需的必需脂肪酸的重要来源，并能促进脂溶性维生素的吸收。饲料中添加一定量的脂肪可以节约部分蛋白质，可减少作为能量消耗的蛋白质，使之用于生长，从而提高蛋白质的利用效率。但添加的量必须适合，添加过量，会造成虾体内脂肪蓄积，还有可能因压迫妨碍肝脏行使正常的功能，降低虾的抗病能力。小龙虾饲料最适脂肪水平为5%~8%，一般可用鱼油和植物油调节。

在性腺发育期间，虾类必须为卵黄蛋白的合成储备必要的营养物质，如蛋白质、脂肪酸，所以在这一时期，雌虾对蛋白质、脂肪的需求比平时高，应适当增加饲料蛋白、脂肪水平或增投动物性饵料。

（3）糖类（碳水化合物）　饲料中的糖类主要指淀粉、纤维素、半纤维素和木质素。糖类还是构成动物机体的一种重要物质，参与许多生命过程，如糖蛋白是细胞膜的组成成分之一，神经组织中含有糖脂。糖类对于蛋白质在体内的代谢过程也很重要，动物摄入蛋白质并同时摄入适量的糖类，可增加腺苷三磷酸酶形成，有利于氨基酸的活化以及合成蛋白质，使氮在体内的贮留量增加，此种作用称为糖节约蛋白质的作用。另有研究表明，某些多糖、寡糖类物质可以提高虾的免疫力，促进虾的生长。一般的小龙虾饲料中可使用20%~35%的糖类饲料原料。最适能量蛋白比34~36兆焦/千克为佳。

（4）矿物质和维生素　矿物质和维生素是维持动物正常生理机

能、参与体内新陈代谢和多种生化反应不可缺少的一种营养物质，与小龙虾正常生长发育、繁殖以及健康状况息息相关。水生动物必需的矿物元素有 10 多种，一般把占体重 0.01%以上的矿物元素称为常量元素，有钙、磷、钾、钠等，占体重 0.01%以下的矿物元素称为微量元素，有铁、铜、碘、锰、锌、硒、钴等。有关小龙虾矿物元素需求研究较少，有研究认为，当小龙虾饲料中钙添加水平为 1.5%，磷为 1% 时，小龙虾的生长性能、营养物质表观消化率及对水环境的影响达到最佳的效果。

一般认为至少有 15 种维生素为鱼虾类所必需的，分别为维生素 A、维生素 D、维生素 E、维生素 K、维生素 C、维生素 B_1、维生素 B_2、维生素 B_6、维生素 B_{12}、泛酸、生物素、烟酸、叶酸、胆碱、肌醇。维生素 C 不仅是一种天然的抗氧化剂，而且作为一种辅酶，参与并调节胶原蛋白的生物合成，同时还能调节性激素的生物合成，促进卵黄发生，调节胚胎发育过程中的新陈代谢，维持正常的胚胎发育，从而有效地改善亲体的生殖性能。因此，在生产实践中，小龙虾亲虾培育过程中，饲料中添加维生素 C 是必需的。添加 0.04%~0.06% 的维生素 C 对小龙虾雌虾的亲虾培育具有明显的促进效果。

2. 小龙虾饲料配方实例

小龙虾幼虾、虾苗配方（图 7-12）

实例 1：鱼粉 20%、发酵血粉 12%、豆饼 22%、棉仁饼 12%、次粉 22%、骨粉 4%、酵母粉 4%、棒土 2%、维生素矿物预混料 1.4%、蜕壳素 0.1%、粘合剂 0.5%。

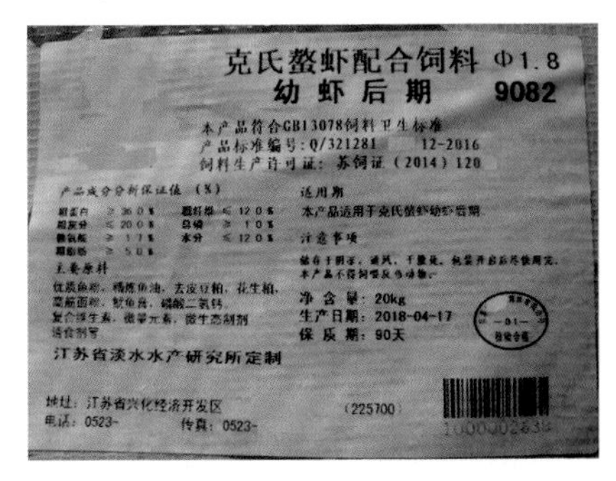

图 7-12 小龙虾饲料标识

实例 2：鱼粉 15%、豆粕 24%、菜籽粕 12%、花生粕 12%、面粉 25%、虾糠粉 4%、乌贼粉 2%、磷酸二氢钙 2%、鱼油或豆油 2%、维生素矿物预混料

1%、食盐 0.4%、蜕壳素 0.1%、粘合剂 0.5%。

小龙虾成虾配方

实例 1：鱼粉 10%、发酵血粉 12%、豆饼 20%、棉仁饼 14%、次粉 24%、玉米粉 8%、骨粉 4%、酵母粉 4%、棒土 2%、维生素矿物预混料 1.4%、蜕壳素 0.1%、粘合剂 0.5%。

实例 2：鱼粉 8%、豆粕 20%、菜籽粕 14%、花生粕 14%、面粉 25%、米糠 7%、虾糠粉 4%、乌贼粉 2%、磷酸二氢钙 2%、鱼油或豆油 2%、维生素矿物预混料 1.0%、食盐 0.4%、蜕壳素 0.1%、粘合剂 0.5%。

三、小龙虾的饲料投喂

小龙虾养殖中，合理选用优质饲料，采用科学的投饲技术，可保证小龙虾正常生长，降低生产成本，提高经济效益。小龙虾饲料投饲技术包括投饲量、投饲次数、场所、时间以及投饲方法等。

1. 投饲量

投饲量是指每天投放于水体中饲料的总重量。投饲量是根据投饲率而计算的，投饲率是指每天所要投喂的饲料占虾体重的百分比。投饲率受虾大小、饲料的质量、天气、水温、溶氧、水质等多种因素的影响，其中虾只大小和水体水温是主要影响因素。实际投喂时根据抽样测重或根据以往养殖的生长记录或者经验，测算和计算出水体中虾的总体重，再根据各种实际情况进行调整，计算出每天所需的适宜投饲量。

（1）体重　小龙虾幼虾代谢旺盛，生长较快，需要较多的营养物质，因此投饲率更高一些。随着虾的生长，生长速度逐渐降低，所需的营养物质也随之减少，因此投饲率可降低一些。一般虾的体重与其饲料消耗成负相关，因此饲料的投饲率也应根据虾体重的增加而相应调整。一般情况下，以 5~10 天调整 1 次较为适宜。

（2）溶氧　小龙虾在高溶氧的水体中，摄食旺盛，消化率高，生长较快，饲料效率也高；在低溶氧的水体中，虾由于生理上不适，摄食和消化率都低，而呼吸活动反而加强，能量消耗较多，因此生长较慢，饲料利用率低。虾的摄食率随水体中溶氧增加而增加。应经常根据水体溶氧的高低适当地调整投饲率，如在暴雨天气等溶氧较低的情况下，要减少投饲量甚至不投饲，这样才能有效地避免饲料浪费和提高饲料效率。

（3）水温　小龙虾是变温动物，其体温随水的温度变化而改变，水温的变化会影响到虾新陈代谢的强度，因而也就影响虾的摄食量。小龙虾的最适生长温度范围为 15~28℃，在这个范围内摄食较为旺盛，如超出这个范围，则摄食明显降低，甚至不摄食，因此，应根据虾的适温范围和实际情况，适时调整投饲率。

（4）饲料　蛋白质是虾生长和维持生命所必需的最主要营养物质。蛋白质含量也是评价虾饲料质量的主要标准。蛋白质含量高的饲料可适当减少投饲量，而蛋白质偏低的饲料就应增加投饲量。由于目前虾饲料的蛋白质含量参差不齐，因此，应根据实际的饲料质量再确定投饲量。

具体的投喂量除了根据天气、水温、水质等因素的变化随时调整外，还需要根据生产实践灵活掌握。由于养殖小龙虾是采取捕大留小的方法，养殖者一般难以做到准确掌握小龙虾的存塘量。因此，就难以按生长量来计算饲料的投喂量。实际生产中可采用试差法来掌握饲料投喂量。具体方法是，饲料投喂 3 个小时后检查，如果只剩下少量饲料，说明基本上够吃；如果饲料剩下不少，说明饲料投喂量过多，一定要减少饲料投喂量；如果看到所投喂的饲料完全没有了，说明投饲量少，需要增加投喂量。如果开始起捕商品虾，则要适当减少投饲量。

2. 投饲次数和时间

适当的投饲数量确定之后，一天中分几次投喂、何时投喂，同样关系到能否提高饲料效率和加速虾生长的问题。由于虾的消化道短，因此分多次进行投饲有利于饲料的消化和吸收。一般情况下以每天投喂 1~2 次为宜。如果投饲的次数过多，容易造成虾长时间处于食欲兴奋状态，使体内能量消耗过多，对生长也不利。小龙虾在日落、黎明前后摄食最为活跃，因此，日落、黎明时投喂为宜。

3. 投饲方式和场所

目前小龙虾饲料的投饲方式主要有机械投饲和人工投饲。机械投饲是应用饲料自动投饲机进行投饲，其特点是适合于现代化和工厂化养殖，人工管理少，投饲均匀，但机械投饲需要投饲设备和供电设施，所以成本较高。人工投饲就是凭人工手撒进行饲料投饲，人工投饲虽然需人工较多，但灵活性较大，并可经常观察虾的摄食情况和生长情况。

小龙虾有沿地或岸边寻食的习性，所以，投饲区以沿地或岸边0.5~1.0米深的区域较妥当，这也有助于清除残余饲料。待虾类长成至6~8厘米长，投饲范围可扩至1.2~1.5米深处，以适应虾摄食习性的变化。小龙虾饲料投饲最好有专用的检查投饲台，便于观察小龙虾摄食情况。饲料台的搭建：可取网片一块,裁成正方形或长方形，尤以长方形为佳。边长0.8~1米，宽0.4~0.5米，用2根同样长的竹片或钢筋（长度比网片对角线长1/3）交叉，交叉处用绳子固定，把网片四角固定在竹片或钢筋四端，搭成板罾状，检查时提出水面看饲料在网片上的剩余量。

4. 投饲方法

投饲时应先慢后快，投饲量由少到多，首先吸引虾前来摄食，避免饲料沉入水底散失浪费。投饲时要均匀，多点投饲，以保证多数虾能接食。小龙虾投饲方法主要把握“四定”的原则，即定质、定量、定时、定位。

（1）定质　要求营养全面、饲料新鲜。小龙虾在稚虾和虾种阶段时，主要摄食浮游生物及水生昆虫幼体，通过科学施肥培养大量天然饵料生物供其捕食，同时辅以人工投饲。饲养前期，每亩池塘投喂2千克左右干黄豆浸泡后磨成的浆，即磨即喂，分两次全池泼洒，上午投喂总量的30%左右，傍晚投喂总量的70%左右；另外，每亩加投颗粒饲料0.5~1千克，用水搅拌均匀成浆沿池边泼洒，上

午投喂总量的 30%，傍晚投喂总量的 70%。7~10 天后，可直接投喂配合饲料，适当搭配投一些粉碎后的植物性饲料，如小麦、玉米、豆饼等，动、植物性饲料之比为 4 ∶ 1。待虾苗长至 5~6 厘米时，可全部投喂配合饲料。一般 3 月初至 5 月底以投喂高蛋白颗粒饲料为主、植物性饲料为辅；6 月初至 9 月底，小龙虾快速生长阶段，应以投喂麦麸、豆饼以及嫩的青饲料为主，适当辅以配合饲料。秋季育肥阶段，以投喂高蛋白配合饲料为主，充分满足小龙虾生长期对营养的要求。

（2）定量　按天气、水质变化和虾活动摄食情况合理投喂。在连续阴雨天气或水质过浓，可以少投喂，天气晴好时适当多投喂；大批虾蜕壳时少投喂，脱壳后多投喂；虾发病季节少投喂，生长正常时多投喂。既要让虾吃饱吃好，又要减少浪费，提高饲料利用率。在同一水域中有幼虾也有成虾，投喂饲料时可以只投喂成虾料，因为池中的残饵、有机碎屑、水草、底栖生物饵料、着生藻类和浮游生物已足以满足幼虾的摄食需要与营养需求。有条件投喂冰鲜鱼等饵料时，一般是配合饲料的 2~3 倍量，具体可根据虾的吃食情况进行调整。

（3）定时　小龙虾多在夜里活动觅食，并具有争食、贪食习性，因此投喂饲料要坚持每天上午、下午各投喂一次，以下午投喂为主。4∶00—5∶00，投喂日投饵量的 30%，17∶00—18∶00，投喂日投饵量的 70%。

（4）定位　小龙虾的游泳能力较差，活动范围较小，且具有占地的习性，根据小龙虾的生活习性特点和摄食特点，采用沿池塘堤埂边浅水区和池塘中浅水区呈带状散投喂，使每只虾都能吃到饲料，避免争食，促进小龙虾均匀生长。

第三节　小龙虾主养技术

小龙虾主养池塘建设过程中应注意以下几点：首先，池埂应具有一定的坡度，坡比相对大些为宜。其次，池中需设深水区与浅水区。深水区的水位可达 1.5 米以上，浅水区应占到池塘总面积的 2/3 左右。

小龙虾喜打洞掘穴，可在池中堆置一定数量的圩埂以增加池塘底面积，为小龙虾提供尽可能多的栖息空间，也可开挖沟渠或搭建小龙虾栖息平台。最后，为了保证小龙虾的品质，提高其商品价值，池塘底泥应控制在 15 厘米以内，多余的淤泥必须清除。

一、池塘的清塘与消毒

利用冬歇期将池塘排干，去除过多的淤泥，经充分暴晒（图 7–13）使池底土壤表层疏松，改善通气条件，加速土壤中有机物质转化为营养盐类，同时还可达到消灭病虫害的目的。消毒灭害：在苗种放养前 15 天左右使用清塘药物对池塘进行消毒灭害，常用的药物有生石灰、漂白粉和茶粕等（图 7–14）。具体使用方法见前文。

图 7–13　池底淤泥暴晒

图 7–14　小龙虾养殖池塘消毒

二、池底底质改良

清池后 1 周，排干池水，池底进行暴晒至池底龟裂，用犁翻耕池底，再暴晒至表层泛白，使塘底土壤充分氧化；根据池底肥力施肥（有条件最好能测定），通常每亩施放经发酵的有机肥 150~200 千克（以鸡粪为好，图 7–15)。新塘口应增加施肥量，然后用旋耕机进行旋耕，使肥料与底泥混合，同时平整塘底，有利于水草的扎根、生长及底栖生物的繁殖（图 7–16)。

图 7-15 池塘底质施肥　　图 7-16 冬季晒塘

三、防逃设施的修建

小龙虾养殖应结合当地实际情况选择防逃网片，确保取材方便、材质牢固、防逃效果优良即可。同时，池塘进出水口需用 80 目聚乙烯筛网过滤，既可严防野杂鱼及其鱼卵进入池塘，也可防止小龙虾逆水逃逸（图 7–17、图 7–18）。

图 7-17 、图 7-18 防逃网、防逃片埋设

四、水生植物种植与移植

水草品种应多样，至少 2 个品种以上；水草移栽可根据池塘形状进行布局，一般为棋盘状和条块状，全池水草覆盖率控制在 50%~60%。移栽水花生的池塘可根据下图进行 (图 7–19)，首选在

池中适当加水，以池底潮湿为好（便于操作），每相隔 3 米栽种一条 30 厘米宽的水花生条，用土压住，待水花生返青出芽后，逐步加水至 20 厘米，再移栽伊乐藻、轮叶黑藻、马来眼子菜等沉水植物。条块形布局种草一般相隔 3~5 米种植一条 4~5 米宽的水草（图 7-20 至图 7-22）。

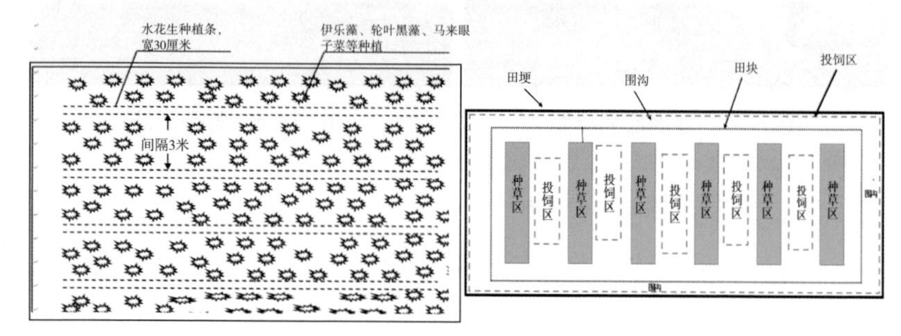

图 7-19 、图 7-20　水草种植布局

图 7-21、图 7-22　条块布局的水草种植区

五、水位水质调控

养殖用水源要求水质清新，溶解氧含量高在 5 毫克 / 升以上，pH 值为 7~8，无污染，尤其不能含有溴氰菊酯类物质（如敌杀死等）。小龙虾对溴氰菊酯类物质特别敏感，极低的浓度就会造成小龙虾死亡。

进水前要认真仔细检查过滤设施是否牢固、破损。注水时须要80目的筛绢网布做成的网袋进行过滤，防止敌害生物、鱼类及其卵进入。

初次进水深度不宜过大，一般控制在30厘米左右；以后根据种植水草要求进水，水草移栽好后逐步加水，每次加水量以超过水草20厘米左右高度为佳，有利于水温提高，促进水草生长。

六、苗种放养技术

小龙虾春、秋季都有明显的产卵现象，不同时期繁育出来的虾苗，在与之配套的成虾养殖中饲养管理、饲养时间的长短、出售上市的时间、商品虾的个体规格和单位面积产量等方面也各不相同。根据运输季节、天气和距离来选择运输工具、确定运输时间。

放养时间选择晴天早晨或傍晚进行，放苗时要避免水温相差过大（不要超过3℃）。经过长途运输的苗种运至池边后要让其充分吸水，排出头胸甲两侧内的空气，然后多点散开放养下池（图7-23）。

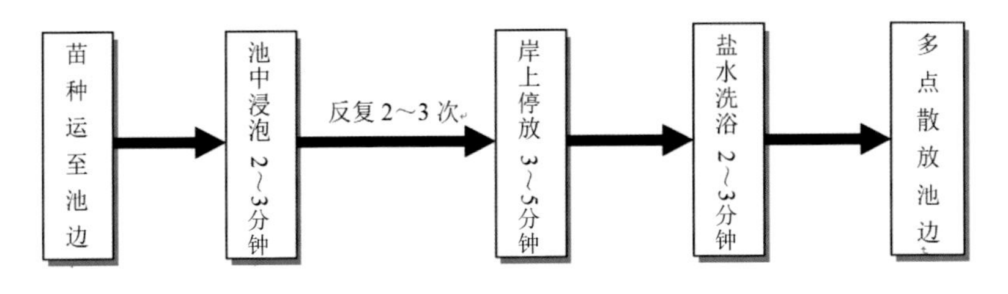

图7-23 放养流程

七、饲料投喂

饲料品种以配合饲料为主，要求粗蛋白含量在32%以上；投喂方法：日投喂2次，4:00—5:00投喂日投量的30%，17:00—18:00投喂日投量的70%，采取沿池埂边和浅水田板边多点散投，有条件用船载投饲机投喂。

日投喂量一般按存塘虾量的3%~5%估算，具体饲料投喂要根据水温、天气、水质、摄食情况和水草生长情况作调整，饲料投喂后要检查，实际日投饲量以饲料投喂后3小时内基本吃完为准。在小龙虾饲料投喂的路线上放置观察台，及时观察饲料的剩余情况，根据观察需要可以经常更换观察点（图7–24、图7–25）。

小龙虾的游水能力不强，活动范围也小，且具有占“地盘”的习性，投喂应坚持“五定”原则，即：定时、定点、定质、定量、定人。

图7–24 、图7–25　饲料观察台

八、池水调控

池水通常是水位“前浅后满”、水质“前肥后瘦”，整个养殖过程一般不需要换水，仅要添加新水就可以；池水透明度一般早期30厘米以上，中后期40厘米以上；养殖期间每20天可使用一次微生物制剂，以改善水质。通常3月的浅水层水位控制在30厘米，4月控制在40厘米，5月控制在50厘米，6月达到满塘水位，即最高水位。

九、水草管理

水草对于改善和稳定水质有积极作用。飘浮植物水葫芦、水浮莲、水花生等最好拦在一起，成捆、成片，平时成为小龙虾的栖息场所，软壳虾躲在草丛中可免遭伤害，在夏季成片的水草可起到遮阴降温作用。

十、增氧设备的使用

虾苗放养后可根据天气情况使用微孔增氧设备；进入 6 月以后，天气逐渐炎热，每天都应使用微孔增氧设备，开机时间：每天 23 : 00—24 : 00 到第二天太阳出来 (早晨 5 : 00—6 : 00) 和晴好天气中午 13 : 00—14 : 00。同时也要根据具体的天气情况调整开机时间。总的原则是不能让小龙虾出现缺氧浮头的现象。

十一、严防敌害生物危害

有的养虾池鼠害严重，一只老鼠一夜可吃掉上百只小龙虾，鱼鸟和水蛇对小龙虾也有威胁。要采取人力驱赶、工具捕捉、药物毒杀等方法彻底消灭老鼠，驱赶鱼鸟和水蛇。

十二、病害预防

养殖期间一般不会发生病害，所以仅使用活用抗菌药和消毒剂等药物，但要注意水草的变化，保持饲料的质量和新鲜度。要注意观察小龙虾活动情况，发现异常如不摄食、不活动、附肢腐烂、体表有污物等，可能是患了某种疾病，要抓紧做出诊断，迅速施药治疗，减少小龙虾死亡。

第四节　小龙虾 + 粳稻种养技术

一、稻田养殖小龙虾的模式

稻田养殖小龙虾，是指在稻田内养殖小龙虾的模式，利用稻田的浅水环境，辅以人为措施，既种稻又养虾，以提高稻田单位面积效益。稻田饲养小龙虾可为稻田除草、除害虫，少施化肥、少喷农药，每亩能增产小龙虾 80 千克左右（图 7-26）。

稻田 + 小龙虾养殖模式有以下 3 种。

模式一：小龙虾 + 粳稻养殖模式，3—6 月养殖小龙虾，6 月初粳稻育秧，6 月下旬插秧，7—10 月水稻种植，10 月底至 11 月上旬水稻收割，12 月晒田，1—2 月上水种草。

模式二：中稻种植 + 冷浸田小龙虾养殖模式，4 月下旬—5 月上旬水稻育秧，5 月中旬中稻栽插，8 月下旬至 9 月上旬水稻收割，9—10 月投放小龙虾种虾，10 月稻田上水，冷浸田过冬，3—4 月小龙虾养殖与捕捞。

模式三：小龙虾 + 高秆水稻模式，时间节点与小龙虾 + 粳稻养殖模式相似，区别在于高秆水稻在 7—8 月，稻田不需要降水烤田，可以一致维持高水位状态，更利于小龙虾养殖，缺点是高秆水稻栽插、收割需要一定的人工成本支出。

图 7-26　稻虾连片养殖区

有些地区还采取稻虾轮作的模式，特别是那些只能种植一季稻的低湖田、冬泡田、冷浸田，采取中稻和小龙虾轮作的模式，经济效益很可观。在不影响中稻产量的情况下，每亩可出产小龙虾 150~200 千克。下面就稻田养殖小龙虾技术介绍如下。

二、养殖稻田的选择与工程建设

选择水质良好（符合国家养殖用水标准）、水量充足、周围没有污染源、保水能力较强、排灌方便、不受洪水淹没的田块进行稻田养虾，面积少则十几亩，多则几十亩、上百亩，面积大比面积小要好。

养虾稻田田间工程建设包括田埂加宽、加高、加固，进排水口设置过滤、防逃设施，环形沟、田间沟的开挖，安置遮荫棚等工程（图7–27、图 7–28）。沿稻田田埂内侧四周开挖环形养虾沟，沟宽 4~5 米，深 0.8~1.0 米，田块面积较大的，还要在田中间开挖“十”字形、“井”字形或“日”字形田间沟，田间沟宽2~3米，深0.6~0.8米，环形虾沟和田间沟面积约占稻田面积20%。

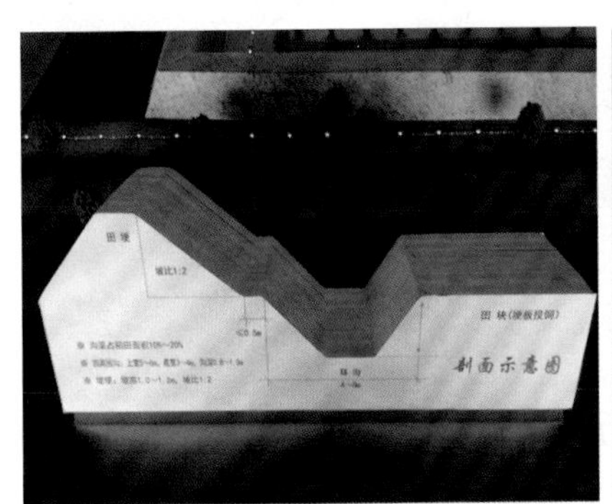

图 7–27 、图 7–28 田间工程示意

利用开挖环形虾沟和田间沟挖出的泥土加固、加高、加宽田埂，平整田面，田埂加固时每加一层泥土都要进行夯实，以防以后雷阵雨、暴风雨时使田埂坍塌。田埂顶部应宽 2 米以上，并加高 0.5~1 米（图7–29、图 7–30）。

图 7–29、图 7–30 加宽田埂

进水渠道建在田埂上（图 7-31），排水口建在虾沟的最低处（图 7-32），按照高灌低排格局，保证灌得进、排得出。稻田养殖小龙虾在环沟土方工程施工时，必须预留机耕道，用作插秧、收割时候插秧机、收割机进出。

图 7-31　高位水渠

图 7-32　排水平缺

三、虾苗放养前准备

清沟消毒：放虾前 10~15 天，每亩稻田环形虾沟用生石灰 20~50 千克，或选用其他药物，对环形虾沟和田间沟进行彻底清沟消毒，杀灭野杂鱼类、敌害生物和致病菌。

施足基肥：放虾前 7~10 天，在稻田环形沟中注水 20~40 厘米，然后施肥培养饵料生物。一般结合整田每亩施有机农家肥 100~500 千克，均匀施入稻田中。农家肥肥效慢，肥效长，施用后对小龙虾的生长无影响，还可以减少日后施用追肥的次数和数量，因此，稻田养殖小龙虾最好施有机农家肥，一次施足。

移栽水草：环形虾沟内栽植轮叶黑藻、金鱼藻、眼子菜等沉水性水生植物，一般水草占环形虾沟面积的 40%~50%，以零星分布为好。

过滤及防逃：进、排水口要安装过滤网、防逃网。

四、虾苗放养

第一个投放时间：在水稻稻谷收割后的 9 月上旬至 10 月中旬，将种虾直接投放在稻田内，让其自行繁殖，根据稻田养殖的实际情况，一般每亩放养个体在 40 克 / 只以上的小龙虾 20~25 千克，雌雄性比 3∶1。

第二个投放时间：在春季 3 月中旬至 4 月上旬，投放规格 150~250 尾 / 千克的虾苗，每亩投放 5 000~6 000 尾，统货投放，雌雄比不区分。

第三个投放时间：在 5 月下旬至 6 月中旬水稻栽秧后，投放规格为 2~4 厘米的幼体虾 1 500~2 000 尾 / 亩或 20~30 千克 / 亩。小龙虾应在水稻秧苗返青后才能投放，在夏季放养时，由于气温较高，要特别注意幼虾的质量，确保成活率。

投苗注意点：投苗时间在晴天早晨或阴雨天放养，投完种苗后用生石灰 10 千克 / 亩对水体消毒。

五、饲料投喂管理

稻田养虾饵料投喂要根据池塘内的生物量进行调整，春虾季节小龙虾的生长旺季可适当投喂一些颗粒饲料，秋冬季气温降低，摄食减弱，每 3~5 天投喂 1 次。

按月份及气候投喂，适时调整投喂量。沿稻田中央水草空档区及沟边浅水处均匀投喂饲料，为方便投饲、捕捞，每块田（或几块田共用）应配置一个硬质船（图 7–33、图 7–34）。

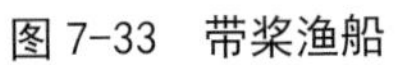

图 7–33　带桨渔船

7–34　带桨带投饵机渔船

2 月下旬至 3 月上旬，开始投喂，日投饲率 1% 左右，每亩投喂颗粒饲料 1~2 斤（1 斤 =500 克），饲料蛋白含量应不低于 32%，并逐渐加量，每天下午 16:30 左右投喂 1 次，以投喂完成基本天黑为准；或者每 3 天投喂 1 次，每次投喂 2~3 斤。

4 月份以后，日投饲率 2%~4%，可全部投喂颗粒饲料，也可颗粒饲料 + 谷物组合投喂。组合投喂时，每天早晨 6 : 00—7 : 00 投喂黄豆、饼粕类等，每天 16 : 30 后投喂颗粒饲料，每亩每天投喂 2~4 斤，以下午为主，投喂量占全天投喂量的 70%~80%。

4 月至 5 月底，日投饲率 5%~6%，饲料可投喂 5~8 斤 / 亩，全部投喂颗粒饲料，或颗粒饲料及谷物各占一半组合投喂。

6 月上中旬，在水稻插秧前，小龙虾开展全面捕捞，第一季小龙虾养殖基本结束。

7—8 月，在稻田环沟适当投喂颗粒饲料或谷物类饲料，日投饲率 1% 左右，每天 18 : 00—19 : 00 开始投喂，投喂量每亩 1~2 斤。

8 月中旬后、9 月份，存塘虾及后期补放的种虾开始出穴觅食，日投饲率 1%~2%（0.5 斤 / 亩），每天早晨 7:00 喂颗粒饲料或谷物类，18 : 00—19 : 00 后投喂颗粒饲料，饲料比例以下午的投喂为主，占 70~80%。

9—10 月，为秋季小龙虾苗种孵化阶段，应强化投喂蛋白质含量不低于 32% 的颗粒饲料，或适当投喂经 EM 菌发酵的豆粕或者豆浆等，每亩投喂 0.5~1 斤。

11—12 月，保持水体肥度，若遇到晴天气温高于 15℃，可适当投喂颗粒饲料或饼粕类谷物。

1—2 月，保持水体肥度，并适当投喂饼粕类谷物，后期可增加高蛋白含量颗粒饲料，为小龙虾苗种生长提供营养。

饲料投喂，应根据天气、气温等情况进行估算：一般在饲料投喂处设置食台，每天检查饲料的剩余情况，酌情增减；观察水草情况，小龙虾的夹草情况（图 7-35、图 7-36），若出现夹草及水浑情况，可酌情增加投喂量；水质很快变肥，减少投喂量。根据小龙虾的捕捞量，一般 4—5 月，一笼捕捞 5~6 斤，需要投喂饲料 5~6 斤 / 亩；一笼捕捞 7~8 斤，需要投喂饲料 8 斤 / 亩。

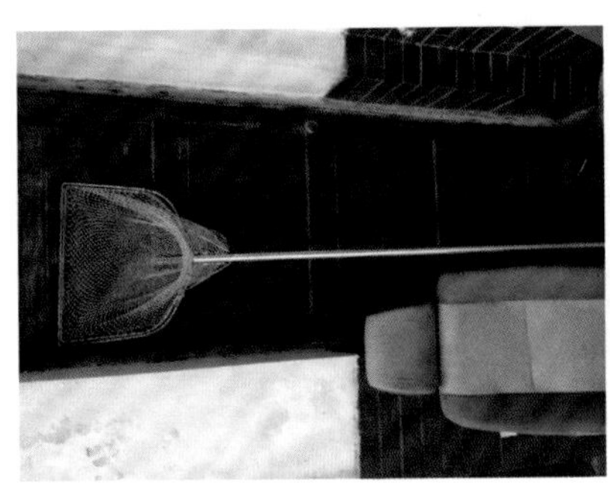

图 7-35 死虾杂物打捞抄网

图 7-36 打捞水草

六、水质管理

4—6 月，每 10~15 天实施一次调水改底，8—9 月高温季节的水质管理，每 10 天换 1 次水，每次换水 1/3；每 20 天泼洒 1 次生石灰水调节水质。

每日观察水色，若水色浑浊，可能饲料不足，酌情增加投喂量。若为水质问题，需要减量投喂，并加强水质调节（图 7-37、图 7-38）。

日常管理每天巡田检查一次。做好防汛防逃工作。维持虾沟内有较多的水生植物，数量不足要及时补放。大批虾蜕壳时不要冲水，不要干扰，蜕壳后增喂优质动物性饲料。稻田养殖小龙虾基肥要足，应以施腐熟的有机肥为主，在插秧前一次施入耕作层内，达到肥力持久长效的目的。

图 7-37、图 7-38 小龙虾在水稻下的生活情况

七、水稻的插栽与管理

粳稻品种选择：养殖小龙虾的稻田，由于土壤肥力较好，宜选用耐肥力强、茎秆坚硬、不易倒伏、抗病害和产量高的水稻品种，特别是病虫害少的水稻品种，尽量减少水稻在生长期间的施肥和喷施农药的次数。水稻育秧苗一般可以在大棚或地膜下进行，育秧苗时间约 20 天（图 7–39、图 7–40）。

图 7–39　水稻秧苗育秧

图 7–40　水稻秧苗育秧盘

栽插时间：水稻田通常要求在 5 月底翻耕，6 月 10 日前后开始栽插（图 7–41、图 7–42）。通常采用浅水移栽，宽、密行结合的栽插方法，即宽行 30~40 厘米，密行 20 厘米左右，发挥宽行的边际优势。插秧的方向最好是南北向，以利稻田通风透光。

图 7–41、图 7–42　水稻栽插（小龙虾 + 水稻）

稻田施肥：应选择晴朗天气，水稻栽插前要施足基肥，基肥以长效有机肥为主，每亩可施有机肥 200~300 千克。追肥一般每月一次，尿素 5 千克 / 亩，复合肥 10 千克 / 亩，或施有机肥。禁用对小龙虾有害的化肥如氨水和碳酸氢铵。施追肥时最好先排浅田水，让虾集中到环沟、田间沟之中，然后施肥，使化肥迅速沉积于底层田泥中，并为田泥和水稻吸收，随即加深田水至正常深度（图 7-43、图 7-44）。

图 7-43、图 7-44 刚插完秧的稻田（有小田埂）

除草治虫：养虾的稻田，一些嫩草被小龙虾吃掉，但稗草等杂草则要用人工拔除（图 7-45）。尽量选用低毒高效农药，采取喷雾的办法进行防治。注意用药浓度，用药后再及时换一次新鲜水。这样做既能起到治虫的效果，又不致伤害小龙虾。也可使用诱虫灯、杀虫灯等设施杀虫（图 7-46）。

图 7-45 人工除草

图 7-46 杀虫灯杀虫

烤田壮棵：水稻 7—8 月需要烤田，促进水稻根系发育。平时保持稻田面有 5~10 厘米的水深。晒田时，不完全脱水，水位降至田面将露出水面即可（图 7-47、图 7-48）。

图 7-47、图 7-48　烤田壮棵

孕穗灌浆：8—9 月水稻抽穗、灌浆，注意肥料追施养根保叶、减少空粒和秕粒。抽穗扬花期田间要保持一定水层。灌浆期以湿润为主，干干湿湿间隙灌溉，即上水后自然落干 1~2 天再灌水，以保持根系活力。扬花期遇高温或结实期遇低温，要及早灌深水调节温度，以减少空粒和秕粒。水稻孕穗、灌浆结束后，应及时降水，利于小龙虾交配打洞，同时，利于干田作业（图 7-49、图 7-50）。

图 7-49、图 7-50　水稻孕穗、灌浆、晒田

水稻收割：水稻收割采用收割机作业，收割后稻梗保留在田板上，发酵作为肥料，或者做小龙虾的食物（图 7-51、图 7-52）。

图 7-51、图 7-52 水稻收割

稻田淹青：水稻收割后，晒田 1 个月左右，上水淹青，保持田板水位 10 厘米左右，利于小龙虾卵巢发育，虾苗成长（图 7-53、图 7-54）。

图 7-53、图 7-54 水稻收割后稻田淹青

第五节 小龙虾 + 中稻种养技术

小龙虾与中稻轮作，就是种一季水稻，接着养殖一季小龙虾。在有些地区，特别是湖区，不适合种植冬小麦，有些低湖田、冬泡田或冷浸田（图 7-55、图 7-56）一年只种植一季中稻。9 月收割后，稻田空闲到第二年的 5 月再种中稻。这些田即可以采取小龙虾和中

稻轮作，不影响中稻田的耕作，每年每亩可收获小龙虾 150~200 千克，经济效益可观。技术要点如下。

图 7-55、图 7-56　冬季的冷浸田

一、稻田的条件与准备

稻田应离水源较近，排灌方便，不会被洪水淹没。面积一般几十亩至上百亩。田埂内能保留 40~60 厘米的水位。其他准备与前述的稻田养虾相同。

二、投放种虾或虾苗

1. 放种虾模式

第二年的 7—8 月，在中稻收割之前 1~2 个月（图 7-57），向稻田的环形虾沟中投放经挑选的小龙虾亲虾。投放量每亩 18~20 千克，高的可达 25~30 千克，雌雄比例 3∶1。稻田的排水、晒田、割谷照常进行，在稻田排水、晒田时小龙虾亲虾会掘洞进入地下进行繁殖。中稻收割后将秸梗还田随即灌水，施放腐熟的有机草粪肥，培肥水质。在投放种虾这种模式中，由于夏季高温，小龙虾亲虾的选择很

图 7-57　秋季种虾投放

重要，亲虾离水时间要尽可能短。

2. 放抱卵虾模式

每年的8—9月，当中稻收割后，将稻草还田，用木桩在稻田中营造若干深10~20厘米的人工洞穴并立即灌水，稻田灌水后向稻田中投放抱卵虾。抱卵虾可来源于人工繁殖，也可以从市场收购。抱卵虾离水时间要尽可能短,所产卵粒要多,投放量为每亩12~15千克。抱卵虾可自行摄食稻田中的有机碎屑、浮游动物、水生昆虫、周丛生物、水草及猪、牛粪等。稻田中天然饵料生物不丰富的，可适当投喂一些颗粒饲料。

3. 放秋苗模式

每年的8—9月当中稻收割后，用木桩在稻田中营造若干深10~20厘米的人工洞穴并立即灌水。向稻田中投施腐熟的农家肥，每亩投施量在100~300千克，均匀地投撒在稻田中，没于水下，培肥水质。向稻田中投放离开母体后的幼虾2万~3万尾，颗粒饲料+谷物饲料组合投喂，饲料投在稻田沟边，沿边呈多点块状分布。

4. 注意要点

上述放养模式，稻田中的稻草尽可能多地留置在稻田中，呈多点堆积并没于水下浸沤。整个秋冬季，注重投肥、投草，培肥水质。一般每个月投一次水草，施一次腐熟的农家粪肥。

当水温低于12℃，可不投喂。冬季小龙虾进入洞穴中越冬，到第二年的2—3月水温更适合小龙虾。调控的方法是：白天有太阳时，水可浅些，让太阳晒水以便水温尽快回升；晚上、阴雨天或寒冷天气，水应深些，以免水温下降。

开春以后，要加强投草、投肥，培养丰富的饵料生物，一般每亩每半个月投一次水草100~150千克；每个月投一次发酵的猪牛粪100~150千克。有条件的每日还应适当投喂1次人工饲料，以加快小龙虾的生长。

3月底用地笼开始捕虾，捕大留小，一直至5月中稻田整田前，彻底干田，将田中的小龙虾全部捕起。

第六节　小龙虾＋高秆水稻种养技术

高秆水稻一般株型高大，茎秆粗壮，茎秆高度取决于池塘水深，完全适合在水深 1 米左右的养殖池塘种植，具备了常规水稻所没有的耐深水特性。高秆稻根系发达，每节都有发达的水生根（图 7–58、图 7–59），可以吸收底泥和水中的氮、磷等营养物质，具有净化水质和改善底质的能力。同时也能作为小龙虾很好的隐蔽场所（图 7–60、图 7–61），降低小龙虾养殖单产。小龙虾池塘栽种高秆水稻，技术简单，茬口衔接也较吻合，便于操作。

图 7–58、图 7–59　高秆稻根系粗壮抗倒伏

图 7–60、图 7–61　小龙虾养殖池塘种植高秆水稻

一、高秆水稻育秧与插秧

育秧方法主要有：水田育秧（图 7-62）、旱田育秧（图 7-63）、盘栽育秧、盆栽育秧和点穴直播等。按栽植面积计算，用种量为 0.25~0.35 千克 / 亩。育秧时间宜早不宜迟，最好选择在 4 月中下旬进行。

图 7-62 湿法育秧

7-63 干法育秧

插秧方法：保持台田水深为 20 厘米左右，目前尚无适宜的机械插秧设备（图 7-64、图 7-65），因此还是采用人工插秧，栽插株间距为 60 厘米 ×80 厘米，栽插密度为 1 200~1 800 丛 / 亩，以确保小龙虾生活环境通风透气和出行畅通。秧苗栽插时间在 6 月上旬。

图 7-64、图 7-65 秧苗栽插

二、饲料投喂

采用多种饲料轮喂方式，能提高小龙虾的消化酶活性，促进生长。投喂以颗粒饲料为主，配合豆粕等杂粮。围沟两岸设多点重点投喂，台田垄沟酌情适量投喂。一般采用 3~4 种饵料 5 天一轮回的投喂方式，即：前 3 天投喂配合饲料，之后投喂 1 天冰鲜鱼，再投喂 1 天豆饼或玉米（玉米煮熟后投喂）。配合饲料（粗蛋白含量为 35% 左右，水溶性达 5 小时以上）的日投喂量为存塘虾总量的 3%~5%、冰鲜鱼为 8%~10%、豆饼或玉米为 4%~6%。具体的投喂量应视天气、水温和池虾的摄食生长情况灵活调控。一般以投喂 3 小时后基本吃完或略有剩余为宜。

三、水位水质管理

水质调控必须满足虾、稻生长的共同需求。

水位管理：4—5 月控制水位不高于台田。秧苗栽插前在中央台田四周设置好拦网，秧苗栽插时保持中央台田水位为 10 厘米左右，2~3 周后可提高至 20~30 厘米。待水稻分蘖后，随着稻株长高逐渐提高水位，一般以不淹没稻的心叶为宜。在水稻拔节、孕穗、扬花和灌浆成熟期，保持台田水位为 50~80 厘米（图 7-66、图 7-67），以满足虾、稻两者的需水量。

图 7-66 、图 7-67　高秆水稻适应高水位池塘

高温季节，每 7~10 天换水 1 次，换水量为台田水量的 20%~30%。每 10~15 天泼洒 1 次 EM 菌液，以改良和稳定水质。经常开启增氧机增氧，保持溶氧，让小龙虾能够健康生长。中央台田水位较浅易生青苔，应适时清理。

四、水稻收割

10 月底至 11 月初开始收割水稻，由于没有适宜收割高秆水稻的机械设备，因此，目前只能采取人工收割。一般是割取水面以上部分茎秆和稻穗（图 7–68、图 7–69）。水稻收割后开始清塘，准备下一轮的虾稻种养。

图 7–68 、图 7–69 高秆水稻收割

第七节 小龙虾 + 莲藕种养技术

藕田中养殖小龙虾，一般是先种植莲藕，待莲藕苗叶长成后，投放小龙虾苗种。藕田水深一般为 10~30 厘米，栽培期为 4—9 月。

莲藕田应远离污染源，非沙土土质，水源充足，排灌方便，面积在 20 亩以上为宜。池中土壤的 pH 值呈中性至微碱性，并且阳光充足，光照时间长，浮游生物繁殖快，尤其以背风向阳的藕田为好。

一、藕田的工程建设

入冬前沿莲藕田田埂外缘向田内 5~6 米处（图 7–70、图 7–71），开挖环形沟，堤脚距沟 2 米开挖，沟宽 2 米，沟深 1~1.5 米；并在田中间开挖“一”字形或“十”字形田间沟，沟宽 1~2 米，沟深 0.8 米，坡比 1 ∶ 1.5。同时平整莲（藕）田池底，在田四周建设防逃网，高出地面 50 厘米左右。

图 7–70、图 7–71　莲藕田四周的环沟

藕田消毒施肥在放养虾苗前 10~15 天，每亩藕田用生石灰 100~150 千克，化水后全田泼洒，或选用其他药物对藕田和饲养坑、沟进行彻底清田消毒。饲养小龙虾的藕田，应以施基肥为主，每亩施有机肥 1 500~2 000 千克；也可以加施化肥，每亩用碳酸氢铵 20 千克，过磷酸钙 20 千克。基肥要施入藕田耕作层内，一次施足，减少日后施追肥的数量和次数。

二、莲藕种植

莲藕品种宜选择植株较高大的中熟或晚熟品种，如太空莲、鄂莲、湘莲等。

3 月上旬于定植前 15 天，将田间水深落至 5~10 厘米，每亩施腐熟猪粪 2 000 千克或者鸭粪、鸡粪 500 千克，45% 含量的优质三元复合肥 50 千克，施后耕整 20 厘米以上。

3 月下旬至 4 月中旬定植藕种，每亩选种藕 200 支，周边距围沟

1~2 米，行株距以 4 米 ×3.5 米为宜，边厢每穴栽 2~3 支，藕头朝向田内。中间每穴 3~4 支，每亩栽 50 穴左右。栽时藕头呈 15° 角斜插入泥中 10 厘米，末梢露出泥面（图 7–72 至图 7–75）。

图 7–72 、图 7–73　莲藕种植

图 7–74、图 7–75　莲藕定植成行

三、虾苗放养

小龙虾在藕田中饲养，放养方式类似于稻田养虾，但因藕田中常年有水，因此放养量要比稻田养虾稍大一些。

4 月下旬至 5 月投放虾苗，从虾 – 稻连作或天然水域捕捞幼虾投放，要现捕现放，幼虾离水时间不要超过 2 小时。幼虾规格为 2~4 厘米，投放数量为每亩 5 000~8 000 尾。放养时，要注意幼虾质量，同一田块放养规格要尽可能整齐，一次放足。

8—9 月投放亲虾，从良种选育池塘或天然水域捕捞亲虾，按雌雄比例 3∶1 或 5∶2 投放，每亩投亲虾 25 千克。

四、饲料投喂

藕田饲养小龙虾适当投饲，投饲量根据藕田中天然饵料的多少与小龙虾的放养密度而定。投喂饲料要采取定点投喂，即在水位较浅，靠近虾沟虾坑的区域，拔掉一部分藕叶，使其形成明水投饲区。在投喂饲料的整个季节，遵守“开头少，中间多，后期少”的原则。

饲料投喂一般于日落前后进行，或根据摄食情况于次日上午补喂一次，日投饲量为虾体重的1%~3%。饲料应投在池塘四周浅水处，小龙虾集中的地方可适当多投，以利其摄食和饲养者检查吃食情况。

饲料投喂需注意：天气晴好时多投，高温闷热、连续阴雨天或水质过浓则少投；大批虾蜕壳时少投，蜕壳后多投。

五、水位管理

藕苗栽后至封行期间应缓慢加深水位，水深从 5 厘米逐渐加深到 10 厘米。夏至后灌深水 20~30 厘米，以便虾到莲田活动采食。6—8 月保持 40~80 厘米深水位（图 7-76、图 7-77）。9—11 月保持 20~30 厘米水位，12 月至第二年 2 月保持 40~60 厘米深水位。第二年 3—5 月再恢复 5~10 厘米浅水位。

具体水深要根据莲田条件和不同季节的水深要求灵活掌握。每天观察莲田情况，如发现虾夹断荷梗较多，则适当降低水位。荷梗变粗变老后，小龙虾不再夹荷梗，应上深水。

图 7-76、图 7-77　初夏藕田水位（5 月中下旬）

六、藕田追肥

莲藕立叶抽生、快封行时、子莲盛花期等时间节点，应追施窝肥，每亩追施优质复合肥和尿素各 10~20 千克。藕田施肥主要应协调好藕和虾的矛盾，在虾健康生长的前提下，允许一定浓度的施肥。养虾藕田的施肥，应以基肥为主，约占总施肥量的 70%，同时适当搭配化肥。施追肥时要注意气温低时多施，气温高时少施。为防止施肥对小龙虾生长造成影响，可采取半边先施、半边后施的方法交替进行。

七、捕捞

藕田饲养小龙虾，可用虾笼等工具进行分期分批捕捞，也可一次性捕捞。若采取一次性捕捞，在捕捞之前将虾爱吃的动物性饲料集中投喂在虾坑虾沟中，同时采取逐渐降低水位的方法，将虾集中在虾坑虾沟中进行捕捞。捕捞时间要求在 5 月底结束，全部捕捞出小龙虾，然后清塘养藕。

八、藕田病害

莲藕病害主要有褐斑病、腐败病、叶枯病等。要选用无病种藕，栽植前用防病液浸种藕 24 小时。发病初期选用上述药剂喷雾防治。虫害主要有斜纹夜蛾、蚜虫等，防治时要慎用农药，斜纹夜蛾需人工采摘三龄前幼虫群集的荷叶，踩入泥中杀灭。蚜虫可在田间插黄板诱杀。

第八节　小龙虾 + 茭白种养技术

茭白田养殖小龙虾是利用茭白与小龙虾共生原理，达到互相利用、互相促进，从而实现较好的经济、社会和生态效益。

一、茭白田的工程建设

选择水源充足、无污染、排灌方便、保水性能好，面积在 5~10 亩或以上的田块或池塘。沿埂内四周开挖宽 2~3 米、深 0.5~0.8 米的环沟，池塘较大的，中间还需适当开挖“十”“井”形中间沟，中间沟宽 0.5~1 米，深 0.5 米（图 7-78、图 7-79），并与环沟相通，开挖的面积占池塘总面积的 1/5。挖出的泥土用来加高、加宽池埂。在池塘进排水口用密眼聚乙烯网布设置双层网栅。池埂四周用防逃网建设防逃设施。

图 7-78　茭白留行

图 7-79　茭白田十字沟

二、种养前准备

消毒施肥：在茭苗移栽前 10 天，对田块进行消毒处理。每亩施用生石灰 60 千克，化浆均匀泼洒，用以杀灭致病菌和敌害生物。在茭苗移栽前 3 天，使用腐熟的有机肥 1 500 千克 / 亩，钙镁磷肥 20 千克 / 亩，复合肥 30 千克 / 亩，翻耕至土层内，旋耕平整，注水后即可移栽茭苗。

种草投螺：在池沟中栽种伊乐藻、轮叶黑藻等沉水植物，在池塘浅水区移养水花生、水葫芦等水生植物，为小龙虾提供隐蔽、栖息和取食的场所。清明节后，每亩投放螺蛳 50 千克，让其自然繁殖，供与龙虾摄食。

三、茭苗移栽

在3月下旬至4月中旬将茭墩挖起，用利刃顺分蘖处劈开成数小墩，每墩带匍匐茎和健壮分蘖芽4~6个，剪去叶片，保留叶鞘长16~26厘米，减少蒸发，以利提早成活。茭苗以行距1米，株距0.8米，穴距50~65厘米，每亩1 000~1 200株为宜（图7-80、图7-81）。

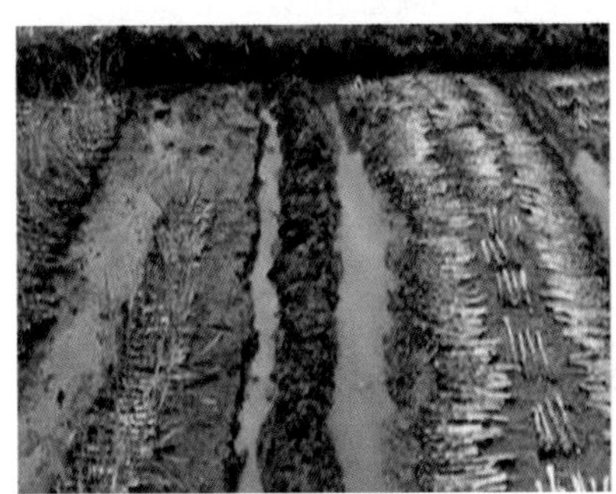

图7-80、图7-81 茭白栽插

四、虾苗放养

在茭瓜苗移栽成活后，且池沟内长有丰富的适口饵料生物时，立即投放小龙虾苗种。虾苗应选择体质健壮、健康活泼、附肢齐全、规格3厘米左右的幼虾，每亩放养1万~1.5万尾，一次放足。为充分利用水体空间，可适当放养鲢鳙鱼种（4∶1），放养规格10尾/千克，数量为120尾/亩。

五、水质管理

以“浅-深-浅”（浅水栽植、深水活棵，浅水分蘖）为原则。萌芽前灌水30厘米。栽后保持水深50~80厘米，分蘖前仍宜浅水80厘米，促进分蘖和发根。至分蘖后期，水加深至1.0~1.2米，控制无效分蘖。7—8月高温期宜保持水深1.2~1.5米（图7-82、图7-83）。

图 7-82、图 7-83　茭白 + 小龙虾池塘

六、田间施肥

基肥常用人畜粪、绿肥。追肥多用化肥，宜少量多次，可选用尿素、复合肥、钾肥等，禁用碳酸氢铵。有机肥应占总肥量的 70%。

七、饲料投喂

同莲藕田饲料投喂方法。

八、采收

茭白按采收季节可分为一熟茭和两熟茭。采收茭白后，应该用手把墩内的烂泥培上植株茎部，一般亩产茭白 750~1 000 千克。小龙虾收获可以用地笼、虾笼进行捕捞收获，一般亩产小龙虾 200 千克。

第九节　小龙虾 + 其他品种养殖技术

小龙虾 + 其他品种综合养殖技术常见的有小龙虾 + 河蟹、小龙虾 + 澳洲淡水螯虾、小龙虾 + 沙塘鳢等模式。这些养殖以小龙虾养殖为主，其他小品种为辅，套养可以充分利用小龙虾生长周期、生活空间，少量套养其他小品种，从而提高养殖的综合效益。

一、小龙虾 + 河蟹养殖技术

小龙虾 + 河蟹（学名中华绒螯蟹）套养的模式与小龙虾主养的水质管理、饲料投喂基本相似，区别在于河蟹的投苗时间与小龙虾的养殖时间上有一定差异，以及两个品种的生长周期差异。

苗种投放及养成模式介绍如下。

1. 蟹苗投放时间

每年 2 月春节前后，每亩投放规格 120~160 尾 / 千克的河蟹扣蟹苗 0.5~1 千克（图 7-84、图 7-85）。

图 7-84、图 7-85　扣蟹捕捞与装袋运输

2. 小龙虾苗投放时间

可利用上年投种的小龙虾自繁苗进行养殖，也可在当年 4 月左右投放虾苗 5 000~6 000 尾 / 亩。根据需要 6—7 月可补充部分虾苗。

3. 捕捞

小龙虾养殖 45~50 天后即可开始用地笼捕捞；河蟹需要养殖到 10 月左右捕出。一般可亩产小龙虾 150~200 千克 / 亩，河蟹产量为 5~10 千克 / 亩。

二、小龙虾 + 红螯螯虾养殖技术

小龙虾与红螯螯虾综合养殖适合于长江流域，作为小龙虾养殖的辅助，有一定生产意义和经济效益，简单介绍如下。

1. 池塘选择

选择小龙虾主养池塘，面积5~10亩，池水深1~1.5米，池底略有坡度，具有良好的进排水系统和增氧系统，无渗漏，并要建好防逃设施。放养前必须清塘，以免敌害和病原体留在池塘内。红螯螯虾喜阴怕光，善于攀附爬逃，要求水体上有水生植物（约占水面1/3），池底种植水草（轮叶黑藻等），同时在池底可设置竹筒或其它类似物体供其穴居。

2. 小龙虾投苗与养殖

小龙虾投苗时间同小龙虾主养技术，上一年秋季放种或者当年春季投放虾苗。

3. 红螯螯虾投苗与养殖

红螯螯虾在长江流域不能自然越冬，所以红螯螯虾养殖需要人工辅助育苗（图7-86、图7-87）。每年5月份或6月初，待小龙虾已经基本完成春季养殖，成虾捕捞基本结束后，从红螯螯虾育苗场采购虾苗投放养殖。虾苗规格1.0~1.5厘米/尾。

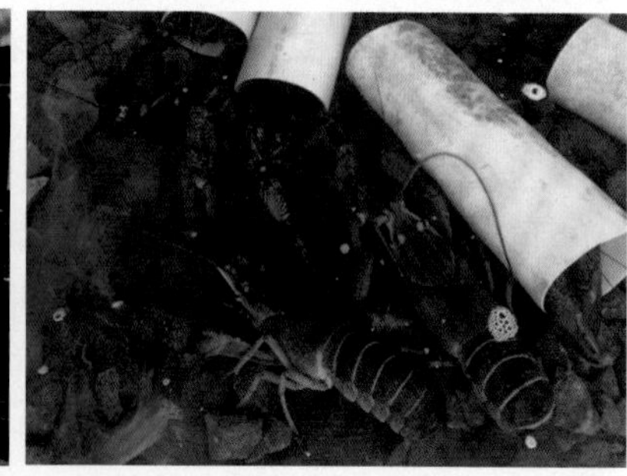

图7-86、图7-87　红螯螯虾育苗车间

4. 红螯螯虾池塘成虾养殖

虾苗投放待7~10天石灰水毒性消失，水质正常后即可放苗（图7-88、图7-89）。一般放养密度为7 000~10 000尾/亩。小龙虾、

红螯螯虾是底栖甲壳动物，适当混养花鲢、白鲢等中上层滤食性鱼类，可改善龙虾的生长环境。

图 7-88、图 7-89 红螯螯虾苗种转运

5. 水质管理

保证养虾池水中的溶氧充足，保证水质清新、良好，最好每天能加注池水 1/5~1/4 的新水。定期泼洒石灰水改善水质，增加钙质，有利虾脱壳，提高成活率。

6. 饲料投喂

投饵管理主要投喂配合饵料，日投喂量为虾体重的 3%~10%。投喂分早晚两次，由于其摄食习性一般在傍晚及夜间靠池边觅食，所以傍晚投喂应占总量的2/3左右。投喂采取定点与池边泼洒相结合。

投喂量根据水温作适当调整，5 月，气温水温处于 20~30℃，虾苗摄食弱，投饵率较低，按体重的 3%~5% 投喂。

7—8 月高温季节，气温水温高，螯虾摄食旺盛，可按体重 8%~10% 投喂。

9 月以后，随水温降低，投饵率随之下降，达到 3% 左右。

7. 红螯螯虾捕捞

红螯螯虾捕捞时间为 9 月中下旬。捕捞的方法有虾笼诱捕和干塘捕捞两种。当水温降到 18℃以下时，不准备越冬的成虾池就可干塘收捕，只要将塘水排干，然后下塘收虾即可。干塘过程中注意要在出水口设张网收集随水流而下的虾群。平时少量捕捞，可用虾笼诱捕，虾笼用网线织成，网目大小为 2 厘米左右，形状有直立和角锥形两种。诱捕时把诱饵放入虾笼内，然后沉入池塘，即时起笼收虾。

经 5~6 个月的养殖，红螯螯虾的产量一般可达 100~200 千克 / 亩，个体规格 70~180 克，最大可达 450 克（图 7-90、图 7-91）。

图 7-90、图 7-91　红螯螯虾成虾

三、小龙虾 + 沙塘鳢养殖技术

沙塘鳢属鲈形目，鰕鯱鱼亚目，沙塘鳢科，沙塘鳢属的一种鱼类，俗称塘鳢、沙乌鳢、呆子鱼等，是一种淡水小型食肉鱼，肉质细腻，市场价格高达 80~100 元 / 斤。沙塘鳢虽属肉食性鱼类，但其食物大多为小杂鱼和经济价值低的虾，池塘套养能明显抑制池中野杂鱼、虾的繁衍，有助于增加池塘综合效益。

1. 池塘选择

选择小龙虾主养池塘，具有良好的进排水系统和增氧系统，无渗漏，并要建好防逃设施。放养前必须清塘，以免敌害和病原体留在池塘内。

2. 小龙虾投苗与养殖

小龙虾投苗时间与小龙虾主养技术相同，上一年秋季放种或者当年春季投放虾苗。

3. 沙塘鳢投苗与养殖

每年 5 月中旬，从沙塘鳢育苗场采购沙塘鳢苗种，规格为 2~3 厘米,密度为 300~500 尾 / 亩。也可在池中设置一个小网箱，先将沙塘鳢苗放入网箱中进行强化培育，待规格长到 4~5 厘米时再放入大塘中养殖（图 7–92）。

图 7–92　沙塘鳢苗种运输

4. 沙塘鳢饵料投放

沙塘鳢以活饵为食物，需要投放糠虾、青虾等小型虾作为饵料。放养青虾苗的规格为 2 000 尾 / 千克左右，密度为 2~3 千克 / 亩，时间在 3 月底至 4 月初。虾苗养殖至 5 月下旬至 6 月初即可抱卵，让其在池内自然孵化发育生长。沙塘鳢养以池中培育的浮游生物、自繁的仔螺蛳和小青虾为饵。

5. 沙塘鳢捕捞

沙塘鳢秋季采用地笼捕捞，进入深秋或冬季后，采用池塘干塘捕捞（图 7–93）。

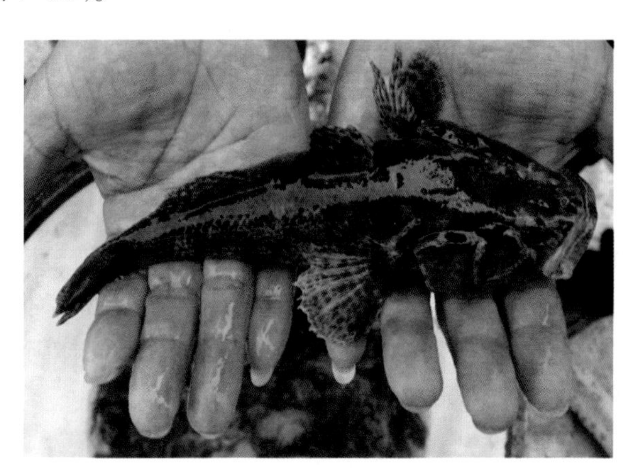

图 7–93　沙塘鳢成鱼

第八章

小龙虾养殖第六步：病害防控

小龙虾产业发展迅速，消费量巨大，随着养殖密度增加、池塘重复养殖等现象的加深，小龙虾病害问题也慢慢凸显。小龙虾与其他水生动物一样，在实际生产养殖中因维生素缺乏、病毒浸染、打架伤残等，容易受到各种不同致病原的感染，这些致病原包括病毒、细菌、真菌及寄生虫。近年来对小龙虾养殖产业造成极大影响的是白斑综合征病毒病（简称 WSSV），其他致病原引起的其他疾病也时有发生。小龙虾养殖兴起才十几年，相对于淡水鱼、河蟹、对虾等颇具养殖历史的产业，各类基础研究相对滞后，对小龙虾疾病研究更少，许多相关疾病的防治都还在探索之中。因此，对待小龙虾的病害应“以防为主，防治结合”。

第一节　小龙虾综合防控技术

在小龙虾病害暴发后进行治疗的效果并不明显，且代价昂贵，因此推行小龙虾生态养殖模式，从苗种开始就实行科学化管理，能从根本上将小龙虾从病害中解救出来，将渔民的损失降到最低。小龙虾生态养殖、健康养殖应该从以下几个方面入手。

一、良土

选取以黏土为佳的土质，附近无污染源，要求养殖地点地势平缓。

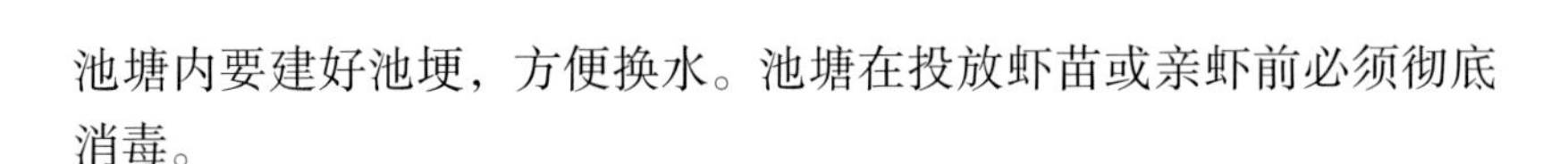

池塘内要建好池埂，方便换水。池塘在投放虾苗或亲虾前必须彻底消毒。

二、良种

选择亲虾的标准是体格健壮，腹肢完整，反应灵敏，没有发生细菌或病毒性疾病。放养虾苗时应在凌晨或早晨、或阴雨天进行，避免烈日暴晒。放养前，可以用3%~5%的食盐水浸泡5分钟，离水时间太久的虾苗可以在放养前在水中反复短时浸润，不可仓促投放进池塘，防止发生短时应激引发的大面积死亡。

三、良水

池塘水源要求未被污染，维持pH值在7~7.5，水体总碱度不低于50毫克/升。池塘内应每隔2~3周换水一次，每次换水量控制在10~20厘米。养殖期间每2~3周泼洒一次底质改良剂或微生物制剂。

四、良草

水草管理应持续贯穿小龙虾养殖的全过程，池塘内伊乐藻、轮叶黑藻、枯草等水生植物，不仅仅是要一直覆盖虾池面积的40%~60%，同时还要保证水草长势旺盛，草叶嫩而葱绿，满足小龙虾维生素供给、脱壳隐蔽、休憩等的需要。

五、良方

小龙虾以投喂配合饲料为主，为减少病害的发生，冰鲜鱼、农家肥等腐烂物应尽量少用或严禁使用，阻断有害菌进入池塘。苗种繁育池要在2月底至3月初开始投喂饲料，提高虾的体质，增强免疫力。

六、良具

小龙虾养殖生产中使用的渔具，应保持清洁。地笼网尤其重要，即使天天捕捞，也不能长期浸泡在池塘中。在捕捞间隙期，地笼网须在阳光下暴晒进行消毒。接触过死虾的地笼、木桶、塑料盘等容器，须用石灰水、漂白粉等消毒杀菌，达到预防效果。

第二节　小龙虾白斑综合征病毒病

白斑综合征病毒（WSSV）是迄今为止危害最为严重的一种小龙虾病毒。近年来，中国大陆的小龙虾养殖产业一直受到白斑综合征病毒病的影响。由于该病在长江中下游地区的发病时间为4—7月，又有小龙虾"五月瘟"一说，每年给小龙虾养殖业造成巨大的经济损失。因此，小龙虾病毒性疾病的研究是近年来小龙虾病害防治的一个重点。白斑综合征病毒于1992年在台湾被发现，并逐步发展到亚洲、美国及欧洲，受侵染养殖品种从最初的各类对虾到现在的小龙虾及蟹类等90种甲壳类动物。

一、发病症状

该病由白斑综合征病毒引起的感染，感染后小龙虾主要表现为活力低下，附肢无力，应激能力较弱，大多分布于池塘边，体色较暗，部分头胸甲等处有黄白色斑点（图8-1至图8-6）。解剖可见胃肠道空，一些病虾有黑鳃症状，部分肌肉发红或呈白浊样。养殖池塘中一般大规格虾先死亡，在长江下游地区7月中旬停止。

图8-1　白斑病体表症状

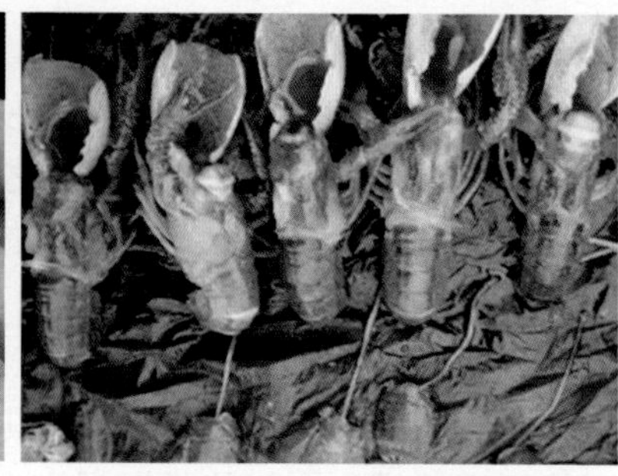

图8-2　白斑病肠腺症状

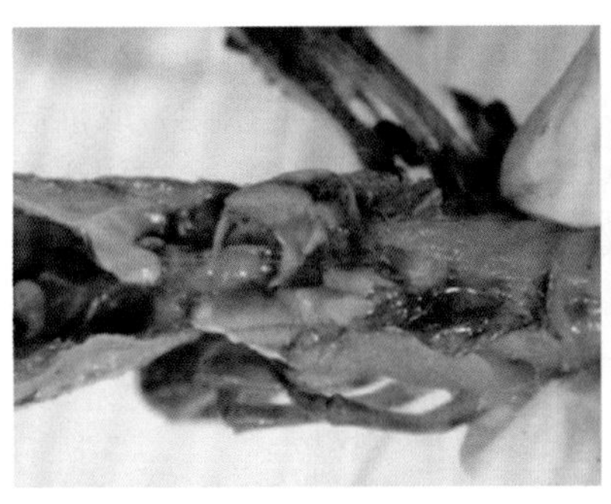
图 8-3 小龙虾肝胰腺颜色（正常小龙虾）

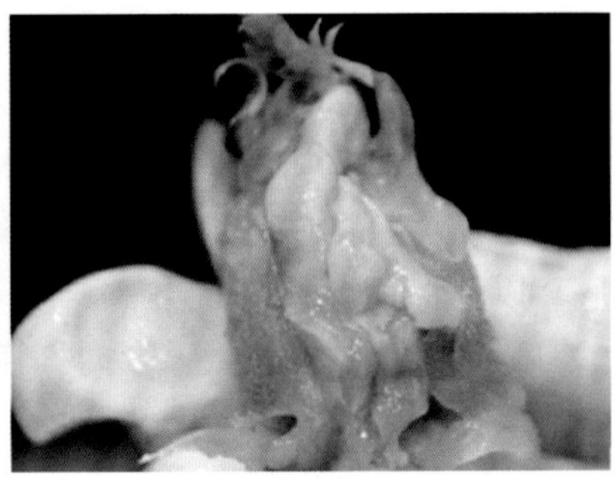
图 8-4 小龙虾肝胰腺（患白斑病）

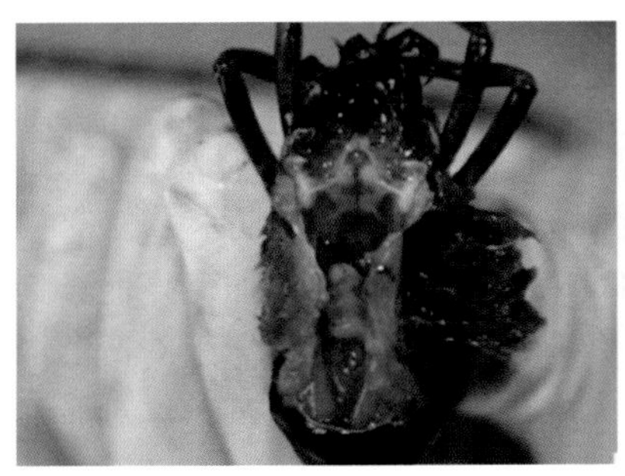
图 8-5 患白斑病虾的鳃丝（灰褐色）

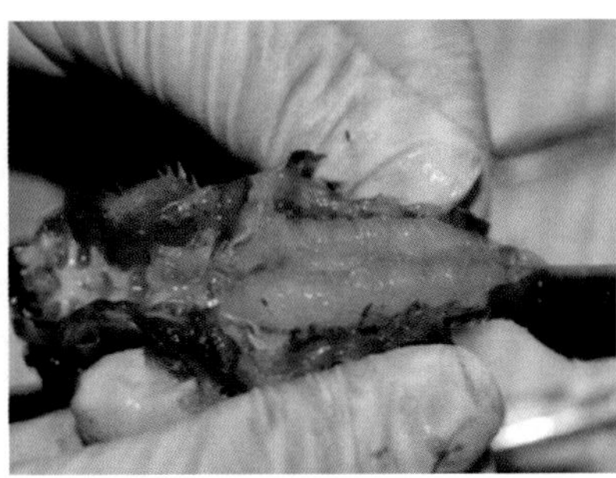
图 8-6 患白斑病虾的肠道（肠道空瘪，颜色泛白）

二、小龙虾白斑综合征综合防治措施

农业农村部水产养殖病害防治专家委员会根据大量研究提供了一套小龙虾白斑综合征综合防治措施。具体应用过程中应根据本地区实际情况，在相关专业机构和人员指导下实施。相关用药处方应由执业兽医开具。

1. 生产预防

所有养殖操作要参照相关养殖标准，并符合卫生防疫操作规范。每口虾池设立观察地笼（口部敞开），准确了解并预测发病情况。

投喂成虾饲料或营养全面的配合饲料，并确保投喂数量充足，避免因饲料不足而相互争斗残杀，降低疾病传播的概率。

改善水质环境可适当施用微生态制剂；保持适当水量和水体稳定，不频繁换水，防止高温，可以提高小龙虾的抗应激能力或抗病力；在换水时，切忌将患病虾池水未经消毒排入进水渠，在加注新水时要避免将病原已经污染的沟渠水引入池塘，并避免剧烈冲刷池底，以免将底质污泥冲起。

适当降低放养密度，及时捕捞成虾上市，在捕捞过程中，尽量小心操作，减少人为干扰，避免引起小龙虾应激反应。

及时从池塘中捞出病死小龙虾，避免交叉感染。对患病池水体、接触疫病水体的工具、器皿、人员需要消毒杀菌处理，切断病原传播途径。

2. 药物预防

外用药：泼洒聚维酮碘或季氨盐络合碘，每 10 天泼洒 1 次，可交替使用，剂量按商品药物上的说明书（0.3~0.5 毫升 / 米 ^{3}）。

免疫促进剂：对于没有发病的小龙虾，饲料中添加免疫促进剂进行预防，如 β－葡聚糖、壳聚糖、多种维生素等（使用剂量参考商品药物的说明书，每 15 天可以连续投喂 4~6 天），可提高小龙虾的抗病力。

内服药物：每 15 天可以用中草药（如板蓝根、大黄、鱼腥草混合制剂，等比例分配药量）进行预防。中药需要煮水拌饲料投喂，使用剂量为每千克虾体重 0.6~0.8 克，连续投喂 4~5 天。如果事先将中草药粉碎混匀，在临用前用开水浸泡 20~30 分钟，然后连同药物粉末一起拌饲料投喂则效果更佳。

3. 药物治疗措施

外用药物，池塘消毒可以采用杀灭细菌和病毒相结合的方法进行，以碘制剂最为理想，如聚维酮碘、季氨盐络合碘等，两者可交替使用。使用方法是连续泼洒 2~3 次，间隔 1 天泼洒 1 次。使用剂量参考商品药物说明书上的剂量（0.5 毫升 / 米 ^{3}）。

内服药物，在发病池尚有小龙虾摄食时，可以采用口服途径投喂抗病毒和抗细菌中草药进行综合治疗。建议在小龙虾预防和治疗

疾病时投喂对虾精饲料，并用尼龙网做成饲料台悬挂水中进行投喂，以便观察虾摄食情况。

三、确诊病例处置

小龙虾死虾，被确诊为白斑综合征病原阳性后，样本应按《中华人民共和国动物防疫法》有关规定执行。对确诊阳性样本的养殖池塘实施隔离、消毒、监控，对生产工具等进行彻底消毒净化，养殖废水排放前应进行彻底消毒，防止病原进一步传播。

第三节　黑鳃病

黑鳃病（图 8-7、图 8-8）在虾和蟹的养殖中均有发生，目前对其致病菌并没有统一的说法，在可查询到的文献中发现，一般认为黑鳃病由真菌感染鳃丝引起，有报道认为该真菌为镰刀菌或霉菌。黑鳃病虾的鳃丝，在显微镜下可观察到大量的弧菌和丝状细菌。一般认为水质污染是导致黑鳃病的直接原因，能引起水质恶化的因素，都会引起虾的黑鳃病，如池底污泥堆积溶解氧不足、虾投放密度太高，排泄废物量大以及水体内有机物含量太高等。

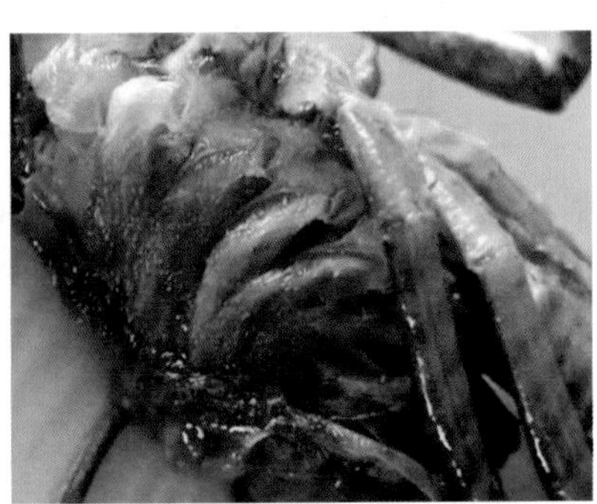

图 8-7、图 8-8　黑鳃病主要症状

一、预防措施

投种前对池塘进行彻底消毒；利用增氧机增氧，确保养殖池内有充足的溶解氧；用漂白粉或臭氧复合剂进行全池消毒，不定期施用（与消毒间隔 3 天）光合细菌及 EM 菌等微生物制剂，抑制致病菌的数量并降低氨氮及亚硝酸盐的量，在饲料中添加 0.2% 的维生素 C 连续投喂。

二、治疗措施

全池泼洒消毒药物，如 1~1.5 毫克 / 升万消灵或者 1.2~1.5 毫克 / 升乐百多消毒灵溶液，泼洒药物时同时开启增氧机 3~5 小时。小龙虾药物内服进行治疗，30 克氟哌酸 +5 克三甲氧苄胺嘧啶 +10% 大蒜素 50 克 + 适量提高免疫力药物拌入 20 千克配合饲料进行投喂，每天 2~3 次，连续投喂 3~5 天。

第四节　烂鳃病

烂鳃病的病原菌为丝状真菌，致病菌附着于螯虾的鳃丝上大量繁殖，阻碍鳃部的血液流通，妨碍虾的呼吸，严重时虾的鳃丝发黑霉烂，引起虾的死亡。

防治方法：经常换水，保持水质清新，可以使用增氧机或者增氧粉保持水体重组的容氧不低于 4 毫克 / 升。此外，烂鳃病发生后，用每立方米水体 2 克的漂白粉全池泼洒，即可起到良好的治疗效果。

第五节　纤毛虫病

小龙虾纤毛虫病（图 8–9、图 8–10）的常见病原有累枝虫和钟形虫等。纤毛虫附着在成虾或虾苗的体表、附肢和鳃上，发病初期的小龙虾行动迟缓，应急能力差，发病中期的小龙虾鳃丝和体表上大量附着致病原，妨碍虾的呼吸、活动、摄食和脱壳，影响其生长。尤其在鳃上大量附着时，影响鳃丝的气体交换，会引起虾体缺氧而窒息死亡。发病后期，鳃成黑色，极度衰竭，最终无力脱壳，进而导致死亡。

图 8-9 小龙虾纤毛虫病症状（背甲） 8-10 小龙虾纤毛虫病症状（腹部）

防治方法：维持小龙虾养殖池塘的环境卫生，经常换新水，保持水质清新。用 3%~5% 的盐水浸洗病虾，3~5 天为一个疗程，或用 25~30 毫克 / 升的福尔马林溶液浸洗 4~6 小时，连续 2~3 次。

第六节 虾中毒症

一、病因

小龙虾对有机和无机化学物质非常敏感，超限都可发生中毒。能引起虾中毒的物质统称为毒物，其单位为百万分之几（毫克 / 升）和 10 亿分之几（微克 / 升）。能引起小龙虾中毒的化学物质很多，其来源主要由池中有机物腐烂分解而来、工业污水排放进入虾池以及农药、化肥和其他药物进入虾池等。

1. 池塘氨氮中毒

池中残饵、排泄物、水生植物和动物尸体等经腐烂、微生物分解产生大量氨、硫化氢、亚硝酸盐等物质，侵害、破坏鳃组织和血淋巴细胞的功能而引发疾病。如虾池中氨（NH_3）、氮（亚硝酸基 NO_2^-）含量高时，会出现黑鳃病。亚硝酸盐浓度超过 3 毫克 / 升时，可引起虾慢性中毒，鳃变黑。

2. 工业污水污染

工业污水中含有汞、铜、镉、锌、铅、铬等重金属元素，石油和石油制品以及有毒的化学成品，使虾类中毒，生长缓慢，直至死亡。工业污水中的多种有毒物质，在毒性上尚存在一定的累加作用和协同作用，从而增加了对小龙虾的毒害。

3. 杀虫剂农药中毒

小龙虾对有机磷农药极其敏感，敌百虫、敌杀死、马拉硫磷、对硫磷等是虾类的高毒性农药。很小的剂量即可致使小龙虾肝胰腺发生病变，引起慢性死亡，或者直接杀死小龙虾。在稻虾养殖模式中，尤其要注意自身养殖场，以及附近养殖场农药的使用，不然会产生整塘死亡的巨大风险。

二、症状

临床观察可见两类症状：一类是慢性发病，出现呼吸困难，摄食减少，以及零星发生死亡，随着疫情发展死亡率增加，这类疾病多数是由池塘内大量有机质腐烂分解引起的中毒；另一类是急性发病，多由于工业污水和有机磷农药等所致，出现大批死亡，尸体上浮或下沉，在清晨池水溶解氧量低下时更为明显。在尸体剖检时，可见鳃丝组织坏死变黑，但鳃丝表面无纤毛虫、丝状菌等有害生物附生，在显微镜下也见不到原虫、细菌和真菌。

三、防治措施

① 详细调查虾池周围的水源，诸如有无工业污水、生活污水、稻田污水及生物污水等混入；检查虾池周围有无新建排污工厂、农

场，池水来源改变情况等。

② 立即将存活虾转移到经清池消毒的新池中去，并采取增氧措施，以减少损失。

③ 清理水源和水环境，根除污染源，或者选择符合标准的地域建新池。

④ 对水域周围排放的污水进行理化和生物监测，经处理后的污水排放标准为：生化需氧量（BOD）小于 60 毫克 / 升，化学需氧量（COD）低于 100 毫克 / 升。

⑤ 新建养殖池必须进行浸泡后再使用，以降低土壤中有害物质含量。

第七节 小龙虾养殖投入品管理

水产养殖投入品主要包括苗种、饲料、肥料和渔药等，投入品的使用直接影响到渔业生产和水产品质量卫生安全。小龙虾养殖生产过程中，各类投入品的使用占据了较大的成本支出，一些使用量大的池塘，使用成本达到甚至超过 500 元 / 亩。因此，投入品的选择和合理使用在小龙虾养殖中显得非常重要，有必要着重介绍。

一、清塘杀鱼系列产品

茶粕是最常见的清塘杀鱼产品，又称茶麸、茶籽饼。茶粕一般呈紫褐色颗粒，是野山茶油果实（图 8–11）榨油后剩下的渣（图 8–12）。茶粕中含有 12%~18% 的茶皂素。茶皂素是一种溶血性毒素，能使鱼的红细胞溶化，故能杀死野杂鱼类、泥鳅、螺蛳、河蚌、蛙卵、蝌蚪和一部分水生昆虫。

茶粕作为一种绿色药物，一是它能自行分解，无毒性残存，对人体无影响，使用安全。二是对小龙虾幼体无副作用，可以保障繁育虾苗的出塘率。三是茶粕蛋白质含量较高，还是一种高效有机肥，对淤泥少、底质贫瘠的池塘可起到增肥作用。所以，使用茶粕作为清塘药物，比其他药物具有更独特的功效，一直广受养殖户青睐。

茶粕的质量标准一般如下：茶皂素含 12%~18%，残油 <2%，蛋白质 12%~16%，淀粉和糖类 30%~50%，纤维 10%~12%，水分 <12%，杂质 <2%，细度 20~50 目。

图 8-11　茶油果颗粒状　　图 8-12　茶粕产品

茶皂素（图 8-13）也可以单独作为清塘杀鱼产品，又名茶皂苷，是由茶树种子（茶籽、茶叶籽）中提取出来的一类糖苷化合物，也是一种性能良好的天然表面活性剂。茶皂素杀鱼产品一般以粉状或液体状形态销售。

图 8-13　杂鱼清药物

图 8-14　清塘净

鱼藤酮（图 8-14）也是一种使用较多的杀鱼产品，鱼藤酮不仅能杀死鱼类，还是一种高效杀虫剂，对池塘内的害虫有杀灭作用。鱼藤酮的杀虫持效期长，达 10 天左右；见光易分解，残留极少；在叶子外表的药液见光极易分解，不会污染环境，施药间隔期 3 天，对环境、人畜安全。鱼藤酮除对水生动物有害外，对其他人畜安全，不会污染环境。

养殖池塘一般用 4% 左右浓度的鱼藤酮乳油清塘，充分利用了鱼藤酮 0.025 毫克 / 升可把鱼毒死，而虾类却可以在 10 毫克 / 升的鱼藤酮溶液中存活这一特性。1 亩水面（1 米水深）用 4% 鱼藤酮乳油 1 000 毫升就能达到清塘目的。

二、肥水调水系列产品

小龙虾养殖池塘肥水长草系列产品(图 8-15)一般多用在冬末春初。冬季藻类活动少水偏瘦，太阳照射池塘底部，青苔孢子萌发易引起青苔泛滥，这是所有冷浸田养殖小龙虾都需要面临的问题，因此肥水产品用量较大，让浮游藻类、浮游动植物迅速生长，能够起到抑制和防治青苔的作用。常见的肥水产品一般包含发酵有机肥、腐植酸钠、黄腐酸钠、过磷酸钙、乳酸菌、光合细菌、枯草芽孢杆菌、氨基酸营养液等成分。

小龙虾养殖生产过程中一般使用 EM 菌（Effective Microorganisms）类产品来调水。EM 菌能消化、降解水体中的有害物质，调节水体藻类生态形态，达到改良水体的目的。EM 菌是以光合细菌、乳酸菌、酵母菌和放线菌为主的 10 个属 80 余个微生物复合而成的一种微生物活菌制剂。作用机理是形成 EM 菌和病原微生物争夺营养的竞争，由于 EM 菌在天然水体中极易生存繁殖，所以能较快而稳定地占据水体中的生态地位，形成有益的微生物菌的优势群落，从而控制病原微生物的繁殖和对作物的侵袭。常见的 EM 菌产品有 EM 菌液、EM 原粉等（图 8-16），养殖户也可以采购 EM 菌干粉，自行活化后使用。

图 8-15　肥水产品

图 8-16　EM 菌产品

三、底质改良系列产品

小龙虾养殖中，饲料残饵、粪便、稻梗等积累多、淤泥多的池塘需要使用底质改良。池塘中有机质的氧化分解会消耗掉底层本来并不多的氧气，造成底部处于缺氧状态，厌氧性细菌大量繁殖，分解池塘底部的有机物质而产生大量有毒的中间产物，如氨气、亚硝酸根离子、硫化氢等。有毒物质轻则会影响小龙虾的生长，饵料系数增大，养殖成本升高。重则引发小龙虾中毒死亡或缺氧泛塘，造成巨大损失。

池塘底质恶化的几种现象：开增氧机时，产生的泡沫不易散开或泡沫发黄、发黑，并闻到有臭味；池塘边小、野杂鱼增多，饲料食台野杂鱼变少；池塘水体变浓稠，风吹过水面只出现细密的水纹；水体 pH 值早、晚变化小或基本无变化，且长期偏高；清晨在阳光的照射下，池底冒气泡或有“烟雾”上升；池塘的角落泡沫发黄、漂浮物发黑、池水分层及水色不一致。常见的底改措施有以下 3 类。

1. 物理底改

池塘排水，干塘后，淤泥清理或者翻耕暴晒。不干塘情况下，可以开启增氧机，物理手段增加水体溶氧量。

2. 生物底改

通过微生物来分解有害物质，微生物产品主要成分为枯草芽孢

杆菌、光合细菌、乳酸菌、酵母菌等。在使用过程中，由于池塘底部恶化之后形成的厌氧环境以及底部有害菌已经形成优势菌群，影响了微生物的快速繁殖，从而影响使用效果。因此，在使用的时候一般会搭配化学增氧剂配合使用。由于这类生物底改在使用中会大量耗氧，一般在连续晴天的情况下使用，底层老化池塘及无增氧设备的池塘要慎用。

3. 化学底改

通过表面活性剂、吸附剂、强氧化剂等产品来实现底泥有机物氧化分解的目标。小龙虾养殖中强氧化剂产品（图 8–17）使用较多。常见的强氧化型底质改良剂有过硫酸氢钾、过氧化氢、过碳酸钠、二氧化氯、其他含溴氯碘化合物、高锰酸钾等产品。

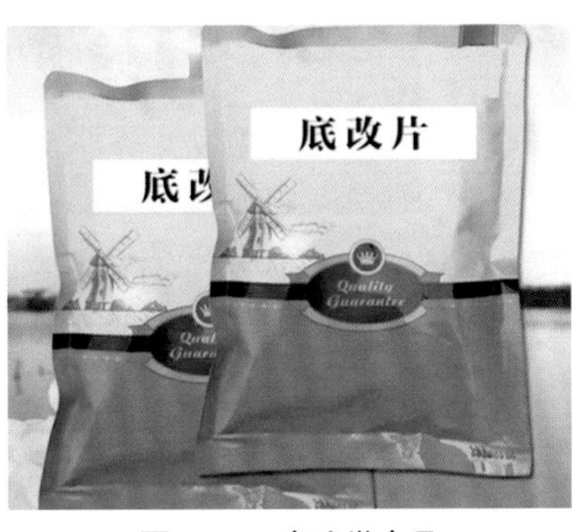

图 8–17　底改类产品

强氧化底质改良的机理在于：底质改良剂在水中释放出活性氧，增加底层水体的溶解氧，有利于底部有机物的分解；强氧化底质改良剂自身的强氧化性能，能够将底泥中有机物分解产生的还原性产物（亚铁离子等）氧化，提高底泥的氧化还原电位，减少底泥的耗养需求。改底的同时，自身具有较强的杀菌和抑菌作用，能够改善池塘底部厌氧条件下病原菌滋生的状况，维护池塘底部的健康。

四、其他营养类投入品

其他投入品还具有诱食功能，提高免疫，促进脱壳，减少应激等功能，产品有大蒜素、维生素 C、复合维生素 B 等（图 8–18）。

图 8-18 维生素类产品

五、投入品的选择和使用

各类投入品使用的目的，是为了维持养殖池塘良好的生态环境，促进小龙虾健康生长。因此，在养殖过程中，应根据天气、气温、水位、pH 值等各种因素，因地制宜选择投入品的使用方案，结合自身养殖的阶段和水质、底质的特征，合理使用肥水、长草、水质、底质改良剂、营养类投入品等。

总体上，生物分解、生物吸收等措施多用于养殖前期，到了养殖中后期随着残饵、粪便和生物量的不断增多及底部缺氧、水体恶化等，生物型产品见效慢。因此，养殖中后期多使用化学试剂产品。在水温高、投料量大的养殖季节可以制定计划，定期使用，保持池塘生态的健康可持续。

第九章 小龙虾养殖第七步：每日巡塘

第一节　巡塘的重要性

观察是池塘养虾日常管理的基础，每日多次巡塘是小龙虾养殖成功的关键，观察仔细、及时维护、认真总结、多方交流是小龙虾养殖技术与效益提高的关键步骤。巡塘的重要性主要体现在如下几个方面。

① 巡塘是渔业生产饲养管理的重要组成部分，通过巡塘可全面了解和掌握池塘、水质、设施破损等情况，做到心中有数，消除安全隐患。

② 通过巡塘可以及时发现小龙虾摄食等生理活动，认真研究水质变化及制定相应的维护措施。

③ 巡塘可以及早发现病害，防患于未然，特别是清晨或傍晚，小龙虾活动强度大，水体易缺氧，会产生“浮头”“爬草”等现象，应及时处理。

④ 通过巡塘可以为养殖日志充实内容，将每个池塘每天的投饵、肥水、水温、气温、溶解氧、pH 值的测定，注水、增氧、摄食、病害、设施破损等日常工作都应做好记录。通过巡塘，更有利于积累材料，分析问题，总结经验，提高养殖技术。

第二节　巡塘如何开展

一、巡塘时间

每日至少 2 次以上，早晚必须坚持巡塘。一般晚上 24 : 00 之前也应巡塘一次。白天主要是生产检查，晚上主要是安全检查，饲料投喂摄食检查。

二、巡塘内容

要观察设施完整情况，池塘塘埂有无塌陷、滑坡、漏水等现象，防逃设施有无破损，电力线路是否完好，地笼网、渔船等有无破损，各项设施有无偷盗丢失等。

要观察小龙虾摄食情况（图 9-1、图 9-2），及时调整投饲量，并注意及时清除残饵，对食台定期进行消毒，以免引起小龙虾生病。

要注意小龙虾病害情况，注意水质变化和测定，及时清除死虾，做好水质调控、底质改良，并做好详细的记录，发现问题及时采取措施。

图 9-1　巡塘交流

图 9-2　虾苗长势观察

第三节 巡塘如何记录

应保留每日的塘口生产记录，包括如下内容：水温、透明度、溶解氧、pH 值、生长情况、摄食情况、维修情况等。

一、水温

每日 4：00—5：00，14：00—15：00 各测气温、水温 1 次（图 9-3）。测水温应使用表面水温表，要定点、定深度。一般是测定虾池平均水深 30 厘米的水温。在池中还要设置最高、最低温度计，可以记录某一段时间内池中的最高和最低温度。

图 9-3 水温测定

二、透明度

池水的透明度可反映水中悬浮物的多少，包括浮游生物、有机碎屑、淤泥和其他物质，与小龙虾的生长、成活率、饵料生物的繁殖及高等水生植物的生长有直接的关系，是虾类养殖期间重点控制的因素。测量透明度简单的方法是使用沙氏盘（透明度板）。透明度每日下午测定一次，一般养虾塘的透明度保持在 30~40 厘米为宜。透明度过小，表明池水混浊度较高，水太肥，需要注换新水；透明度过大，表明水太瘦，需要追施肥料。

三、溶解氧

每日黎明前和 14：00—15：00，各测 1 次溶解氧，以掌握虾池中溶氧变化的动态。溶解氧可用比色法或测溶氧仪测定，池中水的溶解氧含量应保持在 3.5 毫克 / 升以上。

四、生长情况

生长情况的测定每周或 10 天左右测量虾体长 1 次，每次测量不少于 30 尾，在池中分多处采样。测量工作要避开中午的高温期，以早晨或傍晚最好，同时观察虾胃的饱满度，调节饲料的投喂量。

五、其他指标

不定期测定 pH 值（图 9-4）、氨氮、亚硝酸盐、硫化氢等指标，养虾池塘要求 pH 值为 7.0~8.5，氨氮控制在 0.6 毫克 / 升以下，亚硝酸盐在 0.01 毫克 / 升以下。

图 9-4　pH 值测定

六、设施维护记录

定期检查、维修防逃设施，遇到大风、暴雨天气更要注意，以防损坏防逃设施而逃虾。每个养殖塘口必须建立塘口记录档案，记录要详细，由专人负责，以便总结经验。

第四节　塘口记录样式

小龙虾养殖塘口记录应使用规范的记录本，便于查询和保存，不易损毁。塘口记录本应包含封面页（图 9-5），以及苗种投放、养殖生产、病害防治、销售记录等内含页（表 9-1 至表 9-3）。

一、塘口记录封面页样式

小龙虾养殖塘口档案记录手册

塘口面积（亩）：

养殖品种：

记录人：

二〇一　年　月　日

图 9-5 小龙虾养殖塘口记录封面页

二、苗种投放与销售记录样式

表 9-1　放养与收获情况

放养					收获						
时间	品种	规格	数量	种苗来源	时间	品种	规格	数量（千克）	单价（元/千克）	总销售额（元）	产品流向

填写说明：种苗来源包括自育或外购；产品流向包括订单、批发市场、农贸市场、其他。

三、投入品使用记录

表 9-2　养殖环境与病害防治管理情况

时间	清塘肥水 调水底改	注换水量 （吨）	施肥品种 及用量	用药名称 及厂家	用 量	预防 / 治疗	损失情况

填写说明：清塘情况包括清塘产品名称及方法（千克 / 亩）；施肥品种及用量包括有机肥或无机肥的名称及施用方法（千克 / 亩）。

四、生产日记样式

表 9-3　生产日记

日期	天气	水温 （9–12 时）	饲料投喂（千克）			饲料 来源	备注
			配合饲料	精饲料	其他		

填写说明：天气包括晴、多云、阴、小雨等情况；饲料来源包括外购（厂家名称）或自制。

第五节　小龙虾养殖生产评估和风险预测

一、小龙虾池塘肥水评估

小龙虾池塘冬季上水易引发青苔泛滥，所以冬季、春季肥水显得尤为重要，根据水体的肥瘦程度，底泥的肥瘦程度，及时制定肥水施肥计划，根据池塘现状，因地制宜选择合适的肥水产品，减少不必要的支出。

二、小龙虾饲料投喂评估

根据巡塘结果分析小龙虾摄食情况，根据近期天气预报可能发生的连续晴天、连续雨天、气温剧烈变化等环境，根据池塘中水草被小龙虾夹断程度、草叶漂浮、水体颜色、水质浑浊程度等综合评估小龙虾饲料投喂的强度，及时调整饲料投喂比例，保障所有小龙虾都能及时吃到，吃好、吃饱。

三、水草管理评估

根据水草的覆盖情况、草叶的长势，及时评估水草覆盖率以及水草是否长老，制定水草割草计划。

四、水质底质评估

根据每日巡塘，小龙虾是否缺氧爬上岸边（图 9-6、图 9-7），水色、水质、底质相关的颜色、气味等的观察，制定水质改良、底质改良方案，因地制宜选择合适的产品和改良方案。

五、小龙虾病害风险评估

每日仔细观察小龙虾的病害情况，同时注意收集附近池塘、附近村镇同类水源、同类土质、同类养殖模式下的病害发生情况，评估池塘可能发生大面积病害的可能性，及时做好病害防控，降低养殖风险（图 9-8、图 9-9）。

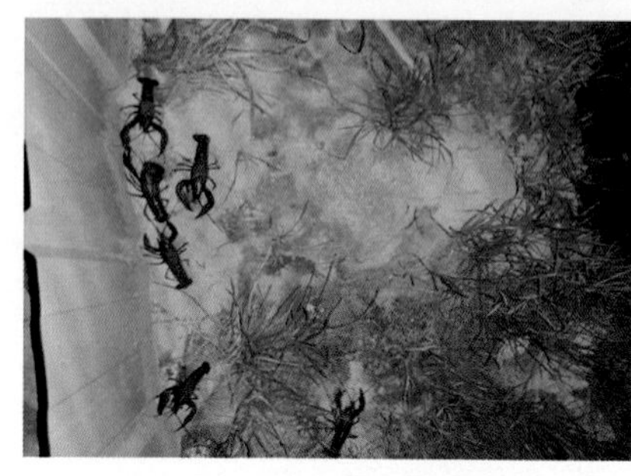
图 9-6　小龙虾缺氧逃跑

图 9-7　小龙虾缺氧爬上池岸

图 9-8　池塘水体浑浊

图 9-9　死亡后漂浮的小龙虾

第六节　小龙虾养殖交流学习

小龙虾养殖生产过程中，养殖主、工人应定期参加小龙虾养殖技术、病害防控等方面的培训课程，相互之间也应经常开展交流活动，交流小龙虾养殖过程中出现的问题和解决方案，通过多方案比选从而优化养殖技术，优化病害防治方案，减少养殖成本、降低养殖风险、提高养殖效益。

第十章 小龙虾养殖第八步：成虾销售

第一节　成虾捕捞方法

小龙虾虾苗经过精心养殖，规格基本上都能达到 30~40 克 / 尾，甚至更大，应及时捕捞。小龙虾捕捞根据养殖模式不同，捕捞强度不一，主养池塘一般达到规格即每日下地笼捕捞；稻虾养殖的池塘一般需要在水稻种植之前（多为 5 月底 6 月初）集中捕捞，防止小龙虾夹食秧苗；藕虾养殖需在莲藕出芽前全部捕捞完所有存塘小龙虾。

捕捞方法一般用地笼诱捕 (图 10–1)，根据苗种捕捞、成虾捕捞等不同的要求，可以选择不同网眼大小的地笼。地笼投入池塘后，地笼的末端应露出水面 (图 10–2)，可以防止末端小龙虾密度高死亡，一般挂在竹竿或木桩上。

图 10–1　地笼网捕虾

图 10–2　地笼网末端水面以上

地笼常见都是长筒形状的，也有四边形、六边形等结构（图10-3、图10-4），结构不同，但是捕捞原理基本相似。小龙虾从进口进入地笼后，不能原路出来，最后只能从出口统一倒出来。

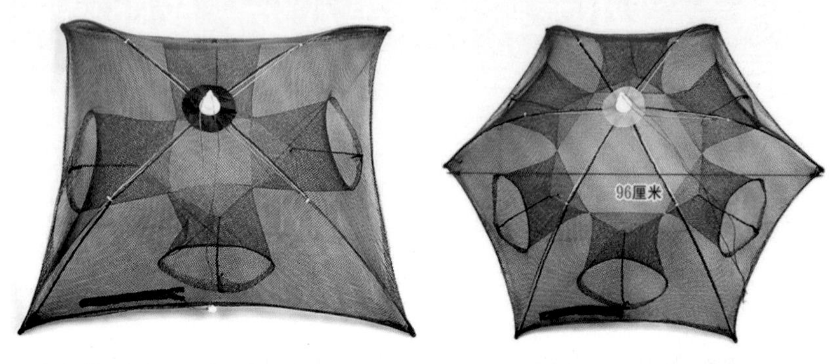

图10-3　四方四孔地笼　　图10-4　六方六孔地笼

地笼的结构一般包括钢丝架方框、尼龙材质地笼、铅质挂坠等组成部分。地笼网根据网眼大小有密眼地笼、大眼地笼的区分，地笼长度根据笼节的多少有手抛地笼、长地笼等区分（图10-5、图10-6）。地笼制作一般都是在地笼工厂完成（图10-7、图10-8）。

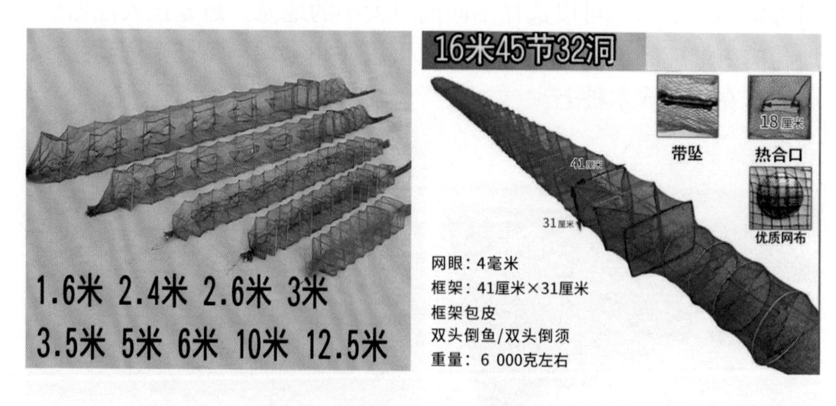

图10-5、图10-6　长筒形地笼

图 10-7、图 10-8 地笼网制造车间

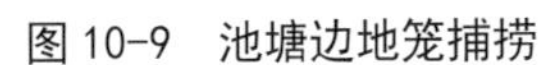

图 10-9 池塘边地笼捕捞

图 10-10 稻虾池塘圈围式捕捞

池塘边捕捞一般选择 3~4 米长的短地笼（图 10-9），有时也叫手抛地笼，单人即可操作。集中捕捞时，每 4~5 米即设置 1 条地笼，提高捕捞率。

池塘内捕捞一般选择 10~15 米长的大地笼，大地笼的笼节多，进笼口多，适合池塘高强度捕捞。集中捕捞时，地笼一般线式或圈式设置（图 10-10），即放入水中的地笼前后相连，一条连一条，整条线或者整个池塘环沟全部用地笼围起来，能够在短时间内（一般 10 天左右）捕捞完 90%~95% 的小龙虾，达到集中捕捞、集中上市的目的。

进入地笼中的虾都应该是作为商品虾出售，大规格的直接市售进入市场流通、餐饮消费，地笼网捕出来的虾不要在养殖池边分拣，全部集中后在分拣台统一分拣（图 10-11、图 10-12），或者直接统货销售。为减少交叉感染，降低病害，起捕后的小龙虾不得再回到养殖池塘中。

图 10-11　池塘内小龙虾收集

图 10-12　池塘边小龙虾分拣

第二节　地笼捕虾注意事项

小龙虾捕捞过程中，地笼应保持清洁。地笼在池塘中的放置方式、放置时间等因素都会影响小龙虾的捕捞效率，地笼的不正确放置往往会出现小龙虾不进笼或进笼少的现象，应该给予重视。常见注意事项如下。

一、天气选择

如果出现连续阴雨天气，气温、水温不稳定，就会出现小龙虾摄食少、活力弱、活动范围小的现象，小龙虾往往会选择躲到隐蔽处，造成不进笼、难捕捞的现象。

二、地笼选择

地笼要选择合适的网眼大小和长度，便于操作。地笼的配重比较重要，挂坠不够重、池塘内有稻梗不平整等原因使得地笼无法贴到池塘塘底，小龙虾难以进笼；稻梗腐烂，地笼连续捕捞，会导致地笼变脏，挂满异物，而且有气味，小龙虾往往会躲避地笼，造成进笼虾少的现象。所以，小龙虾捕捞期间，地笼网应经常轮换，拿到地面上暴晒，或者清洗，去除异味，保持清洁，提高捕捞量。

三、小龙虾生理状态

小龙虾生理健康，生长旺盛，摄食多，活动量大，容易进笼。反之，小龙虾因水质差、摄食少、正处于静养脱壳期间、发生病害等原因，造成活动量减少，在此阶段内下地笼捕捞，会造成进笼少的现象。

四、水草青苔防控

小龙虾养殖需要种植水草，但同时，水草过密又会一定程度上影响捕捞（图 10-13），所以要定期割草，并且要专门割除捕捞通道出来，以便提高捕捞效率。另外，池塘中青苔过多也会导致小龙虾不进笼。

图 10-13 捕捞时节水草太多

五、投喂方式选择

小龙虾每天饲料投喂一定要认真执行定时、定点、定质、定量的投喂策略，培养小龙虾活动、摄食的习惯，方便在小龙虾经常活动、摄食的地方放置地笼，提高捕捞效率。

六、地笼位置选择

小龙虾在水深 0.3~1.2 米的区域内活动较多，地笼应该放置在这个水深范围内（图 10-14），不能放置在过深或过浅的水中。小龙虾喜欢在水草周边活动，地笼应放置在水草之间的空隙中。小龙虾喜欢逆水，地笼的进虾口应对着水流，能提高进笼效果。地笼不宜长期在同一个位置，应隔一段时间换位置。池塘的下风口水体溶氧较高，小龙虾会聚集在溶氧高的水域，地笼应放置到这些区域。

图 10-14　地笼放置在浅水水域

七、地笼展开方式

放置时，应将地笼完全展开和拉直，进虾口不能被遮挡；有挂坠的一面应贴地，进虾口应竖立，这样小龙虾容易进笼。

八、地笼放置时间

小龙虾爬行速度不快，地笼放置时间不应低于 4~6 小时。一般是晴天的白天（中午或下午）下地笼，后半夜或凌晨起地笼。小龙虾进笼效率高，也利于小龙虾上市销售。

第三节　成虾储运与销售

一、成虾分拣

小龙虾分拣一般按照商品虾的要求进行分拣，分为 10~20 克 / 尾（规格 2~4 钱 / 尾）、20~30 克 / 尾（规格 4~6 钱 / 尾）、25~35 克 / 尾（规格 5~7 钱 / 尾）、35~45 克 / 尾（规格 7~9 钱 / 尾）、大于 45 克 / 尾（9 钱以上，俗称两虾）。

小龙虾分拣一般在分拣台上操作完成，分拣台有不锈钢、塑料等材质，也可自制，效果等同 (图 10–15、图 10–16)。

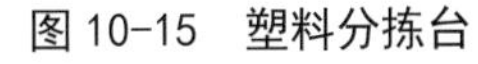

图 10-15 塑料分拣台

图 10-16 不锈钢分拣台

二、成虾储运

小龙虾成虾储运根据距离不同而有差异，短距离 1~2 小时车程，一般采用塑料筐不带水不带草，常温干运(图 10–17)。对于养殖产区离消费市场距离遥远的，需要空运、火车运，长距离货运的，一般采用泡沫箱打包转运（图 10–18）。一般每个泡沫箱能装运小龙虾 20~30 千克，夏季高温时节，泡沫箱需要放置冰袋、冰瓶等降温设施，小龙虾装箱重量要少于其他时节。

图 10-17 塑料筐装运

图 10-18 泡沫箱货运

三、小龙虾销售

小龙虾与其他水产品比较，销售时间较长(基本常年有售，其中每年4—10月是鲜活小龙虾的销售旺季），有一定的货架期（在低温潮湿的地方能存活1周），也是能够深加工的淡水水产品。

1. 小龙虾销售产业链

小龙虾的产业链包括从“池塘到餐桌”的各个环节，各环节之间环环相扣，互相促进也互相制约。产业的发展除了该产业本身符合市场的要求外，还与政府主管部门、科研部门、民间行业协会及国际风云有着千丝万缕的联系。

（1）养殖企业　养殖企业承担购买或自繁小龙虾虾苗，并养成至商品虾的环节。

（2）产地虾贩　产地虾贩负责从各个分散的养殖场采购收集当天捕捞的小龙虾，并进行初步分拣。

（3）批发市场　产地虾贩负责将收购的小龙虾送到当地餐饮店，或者送到当地的物流批发市场，由批发市场的批发商，将小龙虾从湖北、湖南、江苏、安徽、江西等产地发送到全国南北方（深圳、广州、上海、北京、郑州、石家庄、沈阳等）消费城市的农产品批发市场。

（4）零售分销商　零售商从消费城市的农产品批发市场将小龙虾零售、分销至各个菜场、超市、餐饮店。

（5）餐饮企业　餐饮企业向消费者提供熟食加工的小龙虾食品，至此完成小龙虾全程销售消费环节。

（6）加工企业　小龙虾加工企业一般在湖北、江西等小龙虾养殖的产地设厂，直接从当地虾贩手中采购小龙虾，加工成冷冻虾仁、调味虾仁、虾球等产品，产品出口到国外，或者向国内餐饮企业销售。

2. 小龙虾市场价格

小龙虾上市供应期较为集中，季节性分化明显，市场价格受上市供给量影响较大。初春、秋季、冬季由于捕捞量下降，供不应求，市场价格上升；春末夏初（4—6月）是每年的养殖旺季、捕捞旺季，市场价格下降。

稻田养殖集中出虾影响价格，由于稻虾养殖模式是小龙虾养殖的主要模式，每年水稻插秧前养殖户集中捕捞，集中上市，也会造成短时间价格低谷（5月底6月初）。

小龙虾病害影响价格，每年5月上旬至6月中旬是小龙虾养殖疾病高发期，养殖户因病害清塘带来的小龙虾集中上市对市场价格也有一定影响。

3. 小龙虾电子商务

传统小龙虾销售，需经过养殖户、本地虾贩子、批发市场、零售虾贩子、菜场多重环节才能到达消费者手里。该销售渠道下，第一方面水产品物流时间长，品质难以保证，容易出现质量问题，造成生产者和消费者的信任度下降；第二方面，中间环节多，层层加价，不利于消费者；第三方面，虾贩子掌握着销售通路，为获得最大的利润，通常会将水产品的塘口价压到最低，严重损害渔民的利益。

互联网的信息化和现代物流业的迅猛发展为渔业产品的销售提供了新的销售模式，“线上下单＋线下物流”移动营销模式下，“去中间化”（图10-19）成为了可能。通过互联网终端，电脑网页、手机APP，消费者可以直接下单给养殖户，养殖户将小龙虾产品通过现代物流直接配送到消费者的手中。“去中间化”减少了层层销售渠道以及中间环节的利润分成，除交易平台按比例获得了一定收益，中间再没有任何产品价格环节。消费者和养殖户相互之间信息、货款、产品直接传送，比传统渠道获得更多的产品收益。

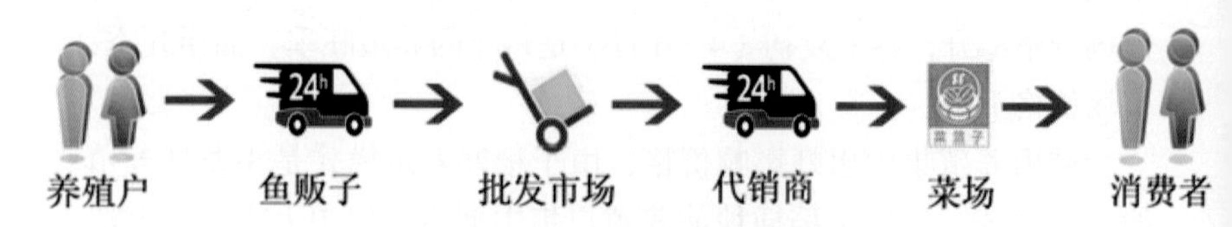

传统水产品销售渠道

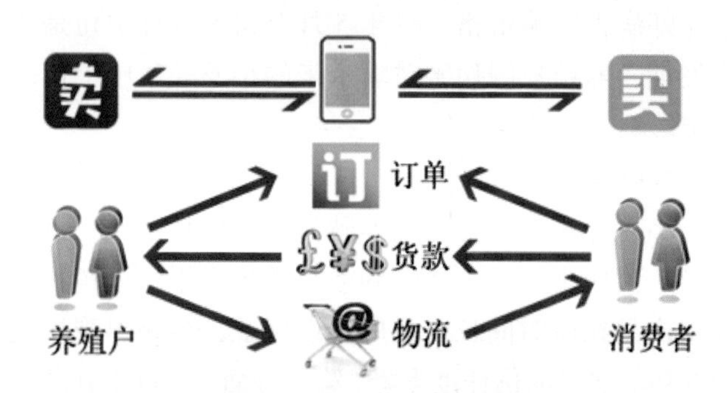

“互联网+”水产品销售渠道

图 10-19　水产品销售传统模式和互联网模式对比示例

第十一章

养殖升级：小龙虾现代化养殖

小龙虾养殖作为农业产业的一部分，不仅仅是个体养殖户单枪匹马开展小龙虾养殖，获取效益，个体的力量十分有限，为更有效地把小龙虾养殖技术、病害防控技术、管理技术融合到养殖过程中，养殖企业必须从个体养殖户向适度规模化的养殖合作社、水产养殖有限公司等方向转变。

第一，规模企业有更多的精力开展形象设计，提升小龙虾的产品品牌，获取更大的产品附加值（图 11-1、图 11-2）。

第二，规模企业有更好的管理经验，能够通过规模化生产，控制养殖成本，引进更先进的小龙虾养殖生产技术，在模式、专家管理系统、远程检测等领域开展建设，推动养殖企业可持续发展。

第三，规模企业水质分析、渔业养殖用水调控、环境打造等方面更有优势，有更多的池塘调配，更利于水质、底质改良，在环境打造等方面做得更好（图 11-3、图 11-4）。

图 11-1　稻虾养殖宣传墙

图 11-2　稻虾养殖，粮水兼顾宣传

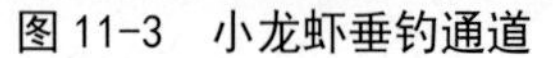
图 11-3　小龙虾垂钓通道

图 11-4　小龙虾养殖家庭农场宣传

第一节　养殖场规划与设计

2018 年，中共中央国务院印发《乡村振兴战略规划（2018—2022 年）》，规划认为乡村是具有自然、社会、经济特征的地域综合体，兼具生产、生活、生态、文化等多重功能，与城镇互促互进、共生共存，共同构成人类活动的主要空间。乡村兴则国家兴，乡村衰则国家衰。我国人民日益增长的美好生活需要和不平衡不充分的发展之间的矛盾在乡村最为突出，我国仍处于并将长期处于社会主义初级阶段的特征很大程度上表现在乡村。全面建成小康社会和全面建设社会主义现代化强国，最艰巨最繁重的任务在农村，最广泛最深厚的基础在农村，最大的潜力和后劲也在农村。实施乡村振兴战略，是解决新时代我国社会主要矛盾、实现“两个一百年”奋斗目标和中华民族伟大复兴中国梦的必然要求，具有重大现实意义和深远历史意义。

小龙虾养殖是大农业产业的一部分，小龙虾养殖面积快速发展，产业产值巨大，肩负着乡村振兴的重担。因此，小龙虾养殖应在养殖场规划与设计上给予重视（图 11-5），从一开始就要按照高要求、高起点建设好养殖场，在美丽乡村、提质增效、稳粮增收、现代农业等方面贡献自身的力量。

图 11-5　某小龙虾养殖场鸟瞰图（养殖面积 500 亩）

第二节　小龙虾养殖场现代化建设

一、标准化建设

小龙虾养殖场总体上应符合“塘成方、路成网”的总体要求，池塘开挖要规整，田埂整齐成线，环沟宽窄一致（图 11-6、图 11-7），提水泵站、进排水沟渠、进水管路、排水管路、生产管理用房应标准化建设，做到统一建设。

图 11-6　标准化池塘开挖

图 11-7　不规范的进排水管路

二、自动化建设

随着人工成本越来越高，小龙虾养殖生产过程中的自动化建设也越来越重要，机器渔船、自动割草机、自动投喂机、无人喷药机、池塘藻类自动培育机等现代化机器的应用一定程度上大幅减少了人工成本，提高了生产效率（图 11-8、图 11-9）。

图 11-8　带定位巡航功能的自动投饲机

图 11-9　池塘藻类光反应培养系统

三、信息化建设

目前，部分规模化的小龙虾养殖企业已经开始建设信息管理系统，为传统渔业的现代化发展做出了良好的示范。渔业信息平台（图 11-10），一般包括渔业信息收集存储、专家管理决策、物联网应用等功能，常见的渔业信息系统包括 8 个主要功能。

① 渔业管理层可以通过系统平台渔场管理实现对渔业布局、生产状况的掌控与监管，提高技术服务和管理效能。

② 信息服务。实时推送渔业养殖、病害防治、经营管理、政策法规等渔业技术、市场行情、供求信息等信息服务。

③ 养殖病害远程诊断。通过鱼病医院，显微图像采集、移动视频传输技术，把养殖病害情况及时上传，由在线专家提供及时诊疗服务，解决渔业养殖生产中看病难的问题。利用自助诊断提高生产管理者的虾病自助诊断能力。

④ 远程安全防护。通过实时视频，使用手机或 PC 远程登录到视频终端，可以远程监控摄像机相应区域的实时视频画面，实现无人值守或少人值守。

⑤ 实时水质在线监测与控制。通过水质在线，利用遥感检测技术、水质传感检测技术、无线网络搜集技术等对养殖生产过程中的温度、pH、溶解氧等水质参数和养殖信息实时监控和预警，并针对生产需要实现实时遥控增氧、换水等远程在线操作，保障养殖水域环境安全，提高养殖生产效率，降低成本。

⑥ 产品质量安全追溯。通过质量追溯对渔业产品和中间品生产过程的相关信息实现可测可控、养殖水产品质量可溯。

⑦ 渔业智能生产。通过企业管理等模块，对渔业生产全流程实现自动化、半自动化管理；实现对工作人员的实时调度，提高管理效率。

⑧ 渔业经营网络化。通过平台的交易交互功能等可以对渔需物资、渔业产品信息查询、发布和网上交易。

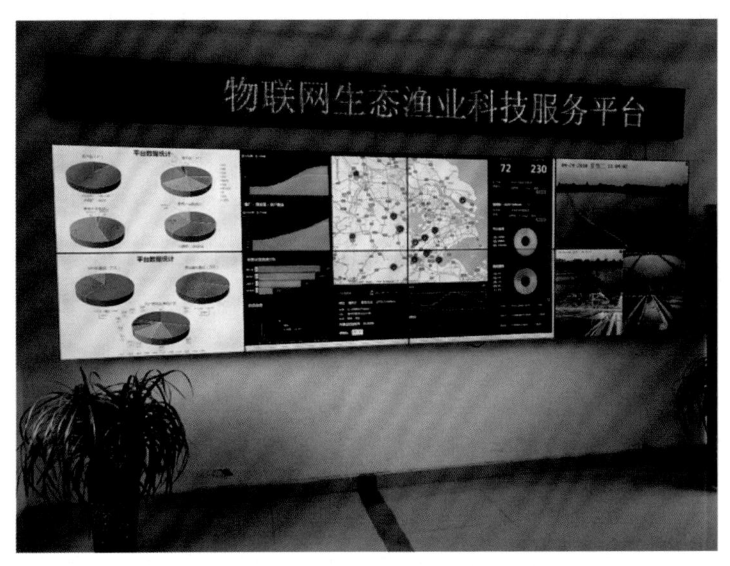

图 11-10　小龙虾养殖物联网管理平台

第三节　小龙虾规模化发展与政策支持

一、养殖规模与农民利益联结机制建设

小龙虾养殖户的规模一般在 30~100 亩，100~500 亩中等规模居多，1 000~5 000 亩规模的在小龙虾养殖产区有少量存在，面积达到 5 000 亩以上的较少，总体上呈现小养殖户居多的现状。小龙虾产业组织化、集约化程度不高，粗放式养殖、小规模养殖仍是主流，缺乏统一的生产规范和标准限制了产业的竞争力和产业化水平以及抗风险能力。行业协会、大型合作社、龙头企业等组织培育不充分，数量少，组织示范引领作用发挥不够明显。

为推动产业可持续、绿色生态化发展，我国的小龙虾养殖应通过规模企业的利益连结机制，改善个体养殖户的生产设施条件，提高个体养殖户的抵御自然风险能力。小龙虾养殖企业应开展多样化的联合与合作，提升小养殖户的组织化程度。鼓励新型经营主体与养殖户建立契约型、股权型利益联结机制，带动养殖户专业化生产，提高养殖户自我发展能力。加快发展“一站式”农业生产性服务业。同时，应加强工商资本、工商企业租赁农户承包地的用途监管和风险防范，健全资格审查、项目审核、风险保障金制度，维护养殖户权益，减少行业剧烈波动给中小养殖户带来的冲击，避免虾贱伤农等现象的发生。

二、小龙虾品牌打造与提升

小龙虾产业的提质增效，离不开品牌化发展，近年来，国内各小龙虾产区着力打造了一批小龙虾区域公共品牌。如：江苏省的“盱眙龙虾”、湖北省的“潜江龙虾”、湖南省的“南县小龙虾”等区域性品牌已经存在较好的基础。在营造地方区域品牌的同时，企业纷纷创建和培育自主品牌，如湖北省的“楚江红”、江苏省的“太明龙虾”

与“红透龙虾”、湖南省的“渔家姑娘”、江西省的“鄱湖”等，企业品牌影响力和知名度持续提升。各地政府、行业协会、企业也在积极举办各类小龙虾节、虾王争霸赛、口碑小龙虾美食评鉴会等节庆，组织开展以小龙虾文化为主题的旅游休闲活动，各类活动起到了拉动消费、整合产业、促进增收的重要作用。

小龙虾养殖企业应紧密关注国家美丽乡村、乡村振兴、精准扶贫、生态安全等社会发展需求和国家大政方针政策，注重自身在生态、质量安全、优质等方面的品牌打造，提高小龙虾养殖的效益，提升小龙虾养殖产业的社会认同度。

三、小龙虾产业政策支持

近年来，随着小龙虾养殖规模日益壮大，我国长江流域湖北、江苏、安徽等小龙虾主产省份相继发布了小龙虾产业规划或指导意见，促进了小龙虾产业的持续健康发展。湖北省发布了《湖北省小龙虾十三五发展规划》，出台了《关于推进小龙虾产业健康发展的通知》；安徽省发布了《安徽省稻渔综合种养双千工程实施意见》；江苏省发布了《渔业十三五发展规划》，明确将小龙虾列为重点打造的优势主导产品之一。为推动小龙虾产业健康发展，提高农民的养殖积极性，降低小龙虾养殖的风险，各地也加大小龙虾配套项目资金扶持力度。湖北省多个县（市、区）明确稻虾综合种养财政支持政策；湖南省通过项目支持用于稻渔综合种养；江苏省将小龙虾养殖基地建设纳入省高效设施渔业建设项目，同时将涉农项目资金进行整合用于支持小龙虾产业发展；安徽省设立渔业三进工程，将小龙虾养殖列为省财政扶持专项，将财政补贴调整资金切块用于稻虾综合种养。

2017 年 5 月，农业部下发《关于组织开展国家级稻渔综合种养示范区创建工作的通知》（农渔发〔2017〕25 号），文件提出“从 2017 年开始，利用三年左右的时间，在全国稻渔综合种养重点地区，创建 100 个国家级稻渔综合种养示范区。在示范区集中开展稻渔综

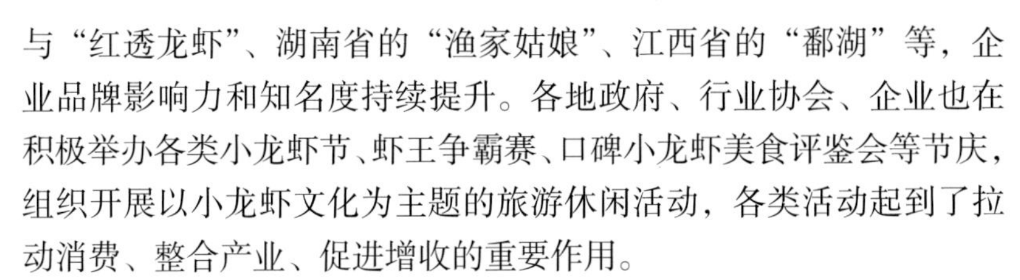

合种养先进技术模式集成与示范，建立健全稻渔综合种养产业体系、生产体系和经营体系，深入挖掘稻渔综合种养‘一水两用、一田双收’潜力，充分发挥稻渔综合种养保障粮食安全、增加农民收入、提升农渔产品质量安全、改善生态环境、促进产业扶贫和三产融合等功能作用，创建一批实现标准化生产、规模化开发、产业化经营、品牌化运作的稻渔综合种养示范区，示范区内率先实现养殖业转型升级，绿色发展，并辐射带动周边发展。”

2018 年 1 月 30 日，农业农村部公布第一批 33 个国家级稻渔综合种养示范区，2018 年 12 月 27 日，农业农村部公布了全国第二批 34 个国家级稻渔综合种养示范区名单（图 11-11）。国家级相关小龙虾养殖、稻渔综合种养相关政策的出台，为小龙虾产业的可持续健康发展提供了坚强的政策支持。

图 11-11　农业农村部文件发布图

附录：《活淡水小龙虾》（T/CAPPMA 01—2018）（节选）

中国水产流通与加工协会文件

中水协[2018]14号

关于发布《活淡水小龙虾》等三项团体标准的公告

按照《中国水产流通与加工协会团体标准管理办法(试行)》的规定，现批准发布《活淡水小龙虾》(T/CAPPMA 01 -2018)、《冻小龙虾尾》(T/CAPPMA 02 -2018)、《冻调味油炸小龙虾》(T/CAPPMA 03 -2018)三项团体标准，标准于2018年5月18日发布，自2018年6月18日起实行，现予以公告。

2018年5月18日

活淡水小龙虾

1. 范围

本标准规定了活淡水小龙虾（学名克氏原螯虾 *Procambarus clarkii*, 以下简称“小龙虾”）的要求、试验方法、检验规则、标签、标志与包装、保活与保鲜、运输、暂存等要求

本标准适用于活淡水小龙虾。

2. 规范性引用文件

下列文件对于本文件的应用是必不可少的。凡是注日期的引用文件，仅所注日期的版本适用于本文件。凡是不注日期的引用文件，其最新板本（包括所有的修改单）适用于本文件。

GB/T 191 包装储运图示标志

GB 2733 食品安全国家标准鲜、冻动物性水产品

GB 5749 生活饮用水卫生标准

GB 7718 食品安全国家标准 预包装食品标签通则

GB/T 30891 水产品抽样规范

3. 要求

3.1 规格

根据单只虾重量及每千克的只数，可分为七个规格，见表1。

表1 规格

级别	个体重量 X（g/ 尾）	个体数量 Y（尾 /kg)
特级[a]	$X \geqslant 60$	$Y \leqslant 16$
一级[b]	$50 \leqslant X < 60$	$16 < Y \leqslant 20$
二级	$40 \leqslant X < 50$	$21 < Y \leqslant 25$
三级	$30 \leqslant X < 40$	$26 < Y \leqslant 33$
四级	$20 \leqslant X < 30$	$34 < Y \leqslant 50$
五级	$15 \leqslant X < 19$	$51 < Y \leqslant 67$
六级	$X < 15$	$Y > 67$

表注：a. 特级俗称虾王，b. 一级俗称两虾。

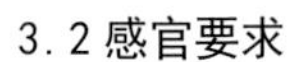

3.2 感官要求

感官要求见表 2

表 2　感官要求

项目	优质	合格
色泽	呈小龙虾正常的青色、青红色、红色等体色，色泽鲜亮、有光泽	色泽基本正常，兼异色虾不超过 50%
活力	行动敏捷、反应快速	行动较敏捷
形态	肉质饱满、有弹性，虾体完整，无断螯	肉质欠饱满、弹性稍差，虾体基本完整，断单螯的虾不超过 20%：双断螯虾不超过 5%，无空壳虾
洁净度	鳃丝呈白色、无异物，无附着物	鳃丝呈白色、无异物，体表有可冲洗去除的附着物
气味	活虾固有的气味，无异味	

3.3 安全指标

应符合 GB 2733 的腰求

4. 试验方法

4.1 规格

按 GB/T 30891 的规定称取 500g（准确至 1g）的试样，清点数量，核算单只小龙虾的重量。

4.2 感官检验

取适量样品置于白色瓷盘上，在自然光下根据色泽、活力、形态、洁净度和气味分级。

4.3 安全指标

按 GB 2733 的规定执行。

5. 检验规则

5.1 组批规则与抽样方法

5.1.1 组批规则

采样环节以同一池或同一养殖条件相同的为同一检验批，按批号抽样；流通环节每批随机抽样。

5.1.2 抽样方法

按 GB/T 30891 的规定执行。

5.2 判定规则

5.2.1 所有指标全部符合本标准规定时，判该批产品命格；

5.2.2 规格判定若不超过 5% 误差，等级判定降一级。

6. 标签、标志与包装

6.1 标签、标志

产品标签或标示应标明商品名称、规格、级别、净重、产地、生产者或销售者名称、生产（捕捞）日期等。包装储运标志应符合 GB/T 191 的规定。

6.2 包装

6.2.1 包装材料

应根据产品保活及运输需要选择适宜的包装，所用包装材料与容器应洁净、无毒、无界味、便于冲洗，并符合食品卫生要求。

6.2.2 包装要求

应按同一种类、同一等级、同一规格包装，不应混装。

7 运输与暂存

7.1 运输

7.1.1 应根据运输季节、距离、数量、运输时间选择不同的装载容器和运输工具。

7.1.2 装运容器须牢固、无毒、易于搬运，其大小和重量要符合运输工具的要求。运输车（船）及其他选输工具应洁净、无污染、无异味，应具有防雨、防尘设施。

7.1.3 在装运前，宜采用缓慢降温方法对待运活虾进行降温。应避免虾在大量脱壳期间装运。

7.2 暂存

7.2.1 产品应储存于阴凉处，防止日晒、虫害、有毒有害物质的污染和其他损害。

7.2.2 暂存时应保证虾体所需氧气充足，并保持环境温度在 10℃以下，虾体表面湿润。

7.2.3 操作过程中用水应符合 GB 5749 的要求，

7.2.4 暂存时间不宜超过 5 天。

参考文献

曹宏鑫 等. 2017. 互联网+现代农业：给农业插上梦想的翅膀 [M]. 江苏凤凰科学技术出版社.

唐建清 等. 2016. 全国水产养殖主推高效技术丛书. 小龙虾高效养殖技术 [M]. 中国农业出版社.

农业农村部. 2017. 关于组织开展国家级稻渔综合种养示范区创建工作的通知（农渔发〔2017〕25号）.

农业农村部渔业渔政管理局，全国水产技术推广总站，中国水产学会. 2017. 中国小龙虾产业发展报告（2017版）[R].

农业农村部渔业渔政管理局，全国水产技术推广总站，中国水产学会. 2018. 中国小龙虾产业发展报告（2018版）[R].